U0348271

青稞
营养评价与加工技术

王凤忠　主编

中国农业科学技术出版社

图书在版编目(CIP)数据

青稞营养评价与加工技术 / 王凤忠主编 . --北京：中国农业科学技术出版社，2022. 11

ISBN 978-7-5116-6030-5

Ⅰ. ①青…　Ⅱ. ①王…　Ⅲ. ①元麦-营养学②元麦-食品加工　Ⅳ. ①S512. 3

中国版本图书馆 CIP 数据核字(2022)第 222670 号

责任编辑　姚　欢　施睿佳
责任校对　王　彦
责任印制　姜义伟　王思文

出 版 者　中国农业科学技术出版社
　　　　　北京市中关村南大街 12 号　　邮编：100081
电　　话　(010) 82106631 (编辑室)　　(010) 82109702 (发行部)
　　　　　(010) 82109709 (读者服务部)
网　　址　https://castp.caas.cn
经 销 者　各地新华书店
印 刷 者　北京建宏印刷有限公司
开　　本　148 mm×210 mm　1/32
印　　张　4. 125
字　　数　100 千字
版　　次　2022 年 11 月第 1 版　2022 年 11 月第 1 次印刷
定　　价　38. 00 元

版权所有 · 翻印必究

《青稞营养评价与加工技术》

编委会

主　编：王凤忠
副主编：佟立涛　王丽丽　刘丽娅
编　委：孙培培　白亚娟　孙　晶　黄亚涛

前　　言

青稞（*Hordeum vulgare* var. *coeleste*）属于禾本科大麦属，分布于西藏、青海，以及四川甘孜、四川阿坝、云南迪庆、甘肃甘南等地，耐寒性强，生长期短，高产早熟，适应性广。青稞富含β-葡聚糖、多酚等功能成分，具有降血糖、调节血脂等健康功效，不仅是我国藏区居民主要食粮、燃料和牲畜饲料，而且是酒品、医药和保健品生产的原料。合理的加工是提高青稞附加值、延长货架期、提高农民收入的重要途径。

本书从青稞的营养功能与品质评价、加工特性与利用，以及质量安全评价 3 个层面对我国青稞产业的发展现状和特点进行了系统总结，并提出了可供我国青稞产业发展借鉴的经验。本书共分为六章：第一章对我国青稞产业发展现状和趋势进行了分析；第二章分析了青稞的营养与功能；第三章对青稞的营养品质评价进行了论述；第四章系统分析了青稞的理化及加工特性；第五章对传统和现代青稞制品的加工与利用进行了详细分析；第六章提出了青稞及其加工制品质量安全评价的重要性和保证质量安全的办法。

全书内容科学实用，可作为了解青稞营养、加工生产及消费领域等各方面知识的入门必备参考书，可供广大青稞加工企业、技术专员等参考使用，有助于指导青稞加工与制造行业的科学生产与消费，同时也可供食品科学、农产品加工等相关专业师生参考阅读。

由于编者水平有限，书中难免存在不足之处，恳请广大读者批评指正。

编者

2022 年 11 月

目　　录

第一章 绪论

1.1 青稞概述

1.1.1 青稞的植物学归属与分类

青稞（*Hordeum vulgare* var. *coeleste*）属于禾本科大麦属，在植物学上属于栽培大麦的变种，因其籽粒内外稃与颖果分离，籽粒裸露，故称裸大麦，也称米大麦、元麦、裸麦等。青稞是青藏高原地区裸大麦的地区性特有名称。青稞是藏区的主导优势作物和藏区农牧民赖以生存的主要食粮（刘新红，2014）。

青稞按其棱数可分为二棱青稞、四棱青稞和六棱青稞。中国主要以四棱青稞和六棱青稞为主，其中西藏主要栽培六棱青稞，而青海主要以四棱青稞为主。按其颜色可分为白青稞、花青稞、黑青稞、紫青稞等。按其春化阶段对温光的要求可分为春青稞和冬青稞（龚凌霄，2013）。

1.1.2 青稞的组成与结构特点

青稞是大麦的一种，它与普通大麦的结构一样，均是由外皮层包被的糊粉层、淀粉化的胚乳和胚芽所组成。外皮层主要由纤维素和半纤维素组成，胚芽里含有大量的维生素和无机盐，其中胚乳占籽粒总重的70%～75%，胚乳细胞壁主要由70%的β-葡聚糖，20%～25%的阿拉伯木聚糖和少量的纤维素

(2%) 构成(刘新红等, 2013)。青稞与大麦的区别在于:①前者在脱粒过程中果皮很容易与种皮分开,而脱粒后与小麦一样不带果皮,后者则相反;②大麦在扬花前 10 天内分泌出一种黏性物质将内外颖紧紧地粘在种皮上,使其在脱粒中大麦果皮不易与种子分开,从而带果皮,青稞则没有这种黏性物质,使籽粒易与果皮分开成裸粒。青稞因这种裸粒性,在加工过程中不必作脱皮加工,与小麦一样可以非常简单地磨成粉制成各种食品(吴昆仑, 2018)。

青稞种子(籽粒)的胚部没有外胚叶,胚中已分化的叶原基有 4 片,胚乳中淀粉含量多,面筋成分少,籽粒含淀粉 45%~70%,蛋白质 8%~14%。青稞籽粒形状与小麦籽粒较为相似,但籽粒顶端无冠毛,这是与小麦籽粒的主要不同点。籽粒颖基部一般有小穗梗退化后遗留下的痕迹——基刺或腹刺,紧贴籽粒腹沟部位。籽粒是裸粒,与颖壳完全分离,籽粒一般长 6~9 mm,宽 2~3 mm,形状有纺锤形、椭圆形、菱形等。籽粒含有 2 种色素:一是花青素,在酸性状态时为红色,在碱性状态时为蓝色;二是黑色素。籽粒色素的含量与色素存在的状态,决定着籽粒的颜色(拉目吉, 2012)。

1.1.3 青稞种植区域和主栽品种

在距今 3 500~4 500 年前,青稞通过巴基斯坦北部、印度和尼泊尔进入西藏南部。在几千年间,青稞不断被优化。研究发现,在古代大麦刚传入西藏的时候,二棱皮大麦、二棱裸大麦、六棱皮大麦、六棱裸大麦(即青稞)这些品种类型其实都是存在的,但是,只有青稞被大量种植了(徐肖等, 2019)。主要因为青稞的穗粒数多,容易高产、丰收,而且收获后容易脱掉外皮,利于加工食用。由于青稞从低海拔地区进入高海拔地区不断地适应环境,加上藏区人民主动的人工选择,使得青稞成为藏区最具有特色和优势的粮食作物，它的生产和发展也一直是影响农业发展、人民生活水平和社会稳定的基本因素（刘国一等，2019）。

现今青稞的主要栽培地区集中在海拔较高的西藏、青海，以及四川甘孜、四川阿坝、云南迪庆、甘肃甘南等地（邓鹏等，2020）。目前，西藏的青稞主要种植在拉萨、山南、日喀则、昌都，阿里地区也有小面积种植，其青稞主栽品种有藏青 2000、藏青 148、藏青 320、山青 9 号、冬青 18 号、喜马拉 19 号和喜马拉 22 号等。青海的青稞主要分布在海西、海北、海南、黄南和玉树，种植的青稞品种有柴青 1 号、柴青 8 号、柴青 9 号、北青 3 号、北青 6 号、北青 8 号、昆仑 14 号、昆仑 15 号、昆仑 16 号和昆仑 17 号等。四川的青稞主要种植在甘孜和阿坝，主要推广的青稞良种有阿青 4 号、阿青 5 号、阿青 6 号、康青 3 号、康青 6 号、北青 4 号、藏青 2000 和本地紫青稞等。甘肃的青稞种植主要分布在甘南，种植的青稞品种主要有甘青 1 号、甘青 2 号、甘青 3 号、甘青 4 号、甘青 5 号、甘青 9 号、黄青 1 号和黄青 2 号等。云南的青稞集中种植在西北部的丽江和迪庆，主要品种有云稞 1 号、云青 2 号和云大麦 12 号等（向莉等，2014）。

1.2　青稞加工利用现状

1.2.1　青稞加工利用情况

随着人们对青稞研究的深入，青稞的加工利用呈现出多样化走向。青稞的加工不仅仅局限于粮食制品，还被广泛地应用于酿酒工业、功能食品研发、饲料等方面。

（1）用于粮食加工制品

如传统的糌粑、青稞饼干、青稞蛋糕、青稞营养粉、青稞麦片、青稞挂面、青稞方便面、青稞速食面和青稞馒头等。

（2）用于酿酒工业

如青稞白酒、青稞啤酒、青稞营养酒和青稞红曲等。

（3）用于饮料工业

如青稞 SOD（superoxide dismutase，超氧化物歧化酶）饮料、青稞矿泉水保健饮料、青稞酒渣饮料、青稞燕麦饮品茶、青稞保健茶、青稞 SOD 酥油茶、青稞 SOD 鲜奶和青稞醋等。

（4）用于功能保健食品

含有 β-葡聚糖的胶囊、口服液和片剂，富含青稞麦绿素的产品，含青稞 SOD 的胶囊等。

（5）用于动物饲料

将青稞粉或麸皮成分与其他原料搭配，配成鱼饲料或者猪饲料，原料成本低廉，营养成分齐全（党斌等，2009）。

1.2.2 青稞的籽粒、叶等综合利用

青稞粉与小麦面粉混合用于制作糕点、馒头、挂面、饼干、蛋糕及营养面包等。青稞籽粒也被用于制作青稞米、青稞营养粉、青稞茶、青稞酵素等。青稞还被用于制作发酵类产品，如青稞醋、青稞酱油、青稞酸奶、青稞发酵饮料和青稞酒等，青稞用于酿酒已有 1 300多年的历史，目前以青稞为原料开发的酒品主要有蒸馏酒（青稞白酒、青稞烤酒等）、非蒸馏酒（青稞啤酒、青稞咂酒等）及调配酒（青稞虫草酒、红景天青稞茶酒等）（刘新红，2014）。从青稞中粗提或纯化后的 β-葡聚糖制剂及载体，是一类用于降血脂、控制血液胆固醇的组合物，其中含有 20%～40%的 β-葡聚糖，可以制作成胶囊、片剂、口服液、饮料、食品及其添加剂等产品。西藏自治区农牧科学院对青稞提取 β-葡聚糖进行了规模生产，已成功开发了青稞降脂胶囊产品。麦绿素从青稞嫩叶中提取而来，含有多种氨基酸、矿物质，具有降低血

糖、抗氧化和清除自由基的作用，能够治疗胰腺炎、胃溃疡等疾病，目前麦绿素的加工产品主要有浓缩麦绿素片、麦绿素代餐粉等保健性功能性产品。从青稞中提取 SOD 并开发系列的调理食品、胶囊、饮料，能清除体内自由基，延缓衰老。青稞麦芽经磨碎、筛分生产出含不同比率提取物的麦芽糠和麦芽面粉，麦芽糠和麦芽面粉含有不溶性纤维，可供多种食品应用。裸大麦麦芽可以用于生产麦芽片、粗麦芽粉、碎麦芽或裂纹麦芽等。青稞籽粒还是良好的精饲料，在谷物饲料中的地位仅次于玉米，以青稞为饲料可以提高肉质、增加瘦肉率并且促进牲畜消化吸收（朱睦元等，2004）。

1.2.3 青稞加工利用存在问题

青稞在加工利用过程中主要存在以下问题。在生产加工及运输过程中易受到自然环境中空气、灰尘、水、土壤和动物粪便的污染，以及在运输加工过程中的污染，因此它们携带着种类繁多的微生物。这可能会造成青稞变质或成分降解，严重时会引起青稞的腐败变质，降低青稞籽粒和青稞粉的品质和安全性。青稞中的微生物会对青稞酒的生产造成质量下降和严重的工艺故障。同时，霉菌是谷物中常见的微生物，不仅会破坏青稞本身的营养价值，还会产生霉菌毒素。还有一个重要问题是青稞易发生脂质的水解和氧化，这严重缩短了青稞的保质期，限制了青稞的消费流通及产业发展，同时还降低了青稞产品感官品质。另外，麸皮中大量的不饱和脂肪酸的存在加速了脂质劣变的过程。由于麸皮和胚芽中存在引发脂质水解和氧化的酶，青稞脂质劣变极易发生。在储存时积累的游离脂肪酸（FFA）会被脂氧合酶以非酶方式或酶方式氧化。脂质的水解和氧化酸败产物会导致面条品质变差，并产生苦味化合物，造成感官品质下降。青稞加工利用还受到加工特性和全麦制品适口性变差的影响。青稞的食用用途仅占 7%

左右，通常以面条、面包和糌粑等方式消费。随着人们对青稞营养功能关注度的提高，青稞制品的市场需求量逐年增加。然而，青稞面筋蛋白质含量低，难以形成面筋网络，在一定程度上限制了青稞在日常主食中的应用。青稞中的β-葡聚糖和膳食纤维会降低面包的感官品质和加工性能，口感不如小麦面包，不能满足消费者的需求。青稞作为粮食和饲料作物历史悠久，但用途单一、附加值低、工业化程度低、利用不充分等问题日益突出，同时国家对青稞的重视程度远远不够。因此对于青稞的育种研发、技术创新缺乏重视，科技投入明显不足（陈占录，2020）。现阶段科研人员更加重视培育适应性较强的青稞品种，对于加工用途的专用品种的研发和投入较少，对于青稞的栽培设施的研发力度也缺乏重视，因此导致整个青稞产业的技术水平相对落后，缺乏强有力的技术支持。

1.3 青稞食品

1.3.1 兴起背景

青稞不但是藏族人民的基本粮食来源，还是该地区最具优势的特色农作物，青稞生产的稳定与发展关系到藏族人民的温饱与致富，故而有“青稞增产，粮食增产，青稞增值，农民增收”的说法（张文会，2014）。发展青稞加工产业不仅可以为消费者提供安全、健康的青稞产品，而且可以带动青稞生产、物流等相关产业的快速发展，形成产业链，从而使青稞加工产业化，将资源优势转化为经济优势，从而带动产业发展，增加农民收入。目前西藏青稞加工还比较落后，主要是传统的加工方式，所加工食品主要是糌粑、面条、青稞酒等；高技术的青稞产品以及新型青稞食品开发较少。随着全球经济的发展和人类生活水平的提高，青稞特殊的生态生产环境及其自身的营养保健价值越来越引起人们的关注，青稞正在由一个区域性粮食作物向全球性健康食源作物发展（甘雅文等，2019）。因此，加快西藏青稞食品的发展，不仅可以满足当地农牧民基本生活、生产需要，而且对于促进该地区农业和农村经济发展、农业增效、农民增收，实现农牧区社会稳定，具有重要的政治、经济和社会意义。

1.3.2 传统食品

目前以青稞为原料的粮食加工产品有糌粑、青稞面条、青稞馒头等。糌粑是一种具有高原生态背景和文化特色的传统主食，由青稞经除杂、清洗、晾干、翻炒、磨粉等工艺制成的粉状食物（刘小娇等，2019），也被称为青稞炒面。青稞面条是将青稞粉与小麦粉配比，使用添加剂，通过不同的加工工艺制成（张慧娟等，2017）。青稞馒头是以不同比例的青稞粉代替传统的馒头配方，通过和面、发酵、成型、醒发、蒸制等工艺制成发酵食品（宫林煜等，2021）。

青稞茶制品主要分为两类。一类由青稞籽粒直接制作而成，青稞籽粒直接制备青稞茶的工艺流程为：淘洗→干燥→粉碎→筛分→加水调和→蒸煮→成型→干燥→焙炒→冷却→包装→成品（周智伟等，2018）。另一类由青稞籽粒与其他原料复配制成，该青稞茶兼具各原料的功效成分，同时产品风味得到改善，主要工艺流程为：复配→浸泡→干燥→烘烤→袋装（周智伟等，2018）。

青稞酒在我国有着悠久的酿造历史，是青藏高原的特色饮品。目前青稞酒种类多样，既有非蒸馏型的青稞咂酒，也有蒸馏型的青稞烤酒、青稞白酒、青稞啤酒、青稞清酒、青稞饮料酒，以及调配青稞酒等（邓鹏等，2020）。

1.3.3 现代加工食品

目前，以青稞为原料开发的现代加工食品种类繁多，一部分也受到人们的广泛喜爱，主要包括速溶青稞粉（顿珠次仁等，2011）、青稞麦片（刘新红，2014）、青稞蛋糕（黄益前等，2019）、青稞面包（党斌等，2015）、青稞方便面（杨健等，2018）、青稞茶（卢志超等，2018）、青稞酸奶（于翠翠等，2018）、青稞饼干（徐莉莉等，2021）、青稞降脂胶囊（吴舒颖等，2021）等多种面类食品、烘焙食品、休闲食品、保健食品。青稞应用于酿造业中的历史悠久，长久以来作为青藏地区的特色饮品，发展到现在，青稞酒的类型和酿造方式也愈加考究，除了传统的青稞咂酒、青稞烤酒外，还有以高原特有的藏红花、枸杞、冬虫夏草等名贵中药材为原料，配入青稞酒酿制而成的青稞虫草酒等保健酒（王晓芹等，2015）。作为全谷物食品，青稞在食品行业的应用价值和应用前景广阔，未来青稞食品的研究方向应更注重营养成分的保持和具有保健效果的产品的研发。

1.3.4 青稞相关标准

截至 2021 年年底，一共 73 项青稞标准。其中，1 项青稞基础类国家标准《青稞》（GB/T 11760—2021），规定了青稞的相关术语和定义、质量要求、检验方法、检验规则、标签标识、包装、储存和运输要求，该项标准是粮食流通领域西藏自治区主持制修订的第一个国家标准，标准的发布实施顺应“十四五”期间国家产业高质量发展的要求，将成为实现青稞产业高质量发展的重要技术支撑和质量保障；23 项青稞品种类地方标准，共有昆仑 14 号 、康青 6 号等 23 个青稞品种，拟制定 9 项标准、地理标志，如甘孜黑青稞、夏河青稞等；2 项品种特性类地方标准，规定了青稞抗旱性及抗倒伏评价技术规范；1项品种检测方法类地方标准，规定了青稞种子纯度SNP分子标记鉴定技术规程；22项种子繁殖类地方标准，包括青稞良种繁殖技术规范及原种繁殖技术规范、青稞生产技术规程及原种生产技术操作规程等；2项种植类团体标准，包括有机农产品青稞及绿色农产品青稞生产技术规程，拟制定4项标准，青稞生产环境技术规程、青稞种植技术规程等；1项种植机械类团体标准，规定了青稞联合收割机的安全要求、主要性能指标等；3项植物保护类地方标准，包括青稞条纹病防治技术规范、青稞抗条纹病评价技术规范等；1项储藏类国家标准，青稞储存品质判定规则，拟制定1项青稞的储存标准；2项加工技术规程类地方标准，青稞酒良好生产规范、糌粑加工技术规程，拟制定2项标准，青稞苗粉加工技术规程及青稞抗氧化技术规程；12项加工产品类标准，关于青稞酒、青稞米等，其中1项国家标准，7项地方标准，4项团体标准；3项品质检测方法类标准，其中1项关于谷物及其制品中β-葡聚糖含量测定方法的行业标准，2项关于青稞中直链淀粉和支链淀粉含量测定的地方标准，拟制定5项标准，青稞苗粉质量及青稞全麦粉评价标准；拟制定4项分等分级类标准，包括黑青稞品质分级标准、白青稞品质分级标准等。

1.4 青稞产业发展现状和趋势

1.4.1 青稞产业的发展现状

青稞是青藏高原地区极具特色和文化内涵的农作物，在青藏高原有3 500年种植历史，其抗寒、抗逆、耐寒的特点使其成为我国藏区的第一大作物、主导优势作物和藏区同胞赖以生存的主要食粮，也是酿造工业、饲料加工业的重要原料。

目前，我国青稞种植面积达到579万亩（1亩≈667 m^2，全书同），产量139万t。青稞产业具有集中度高的特点，全国青稞主栽省区有西藏、青海、四川、甘肃和云南，总产量约达100万t（邓鹏等，2020）。我国青稞食用消费量约占总消费量的80%，但其中70%用于经初加工后直接消费，仅有10%左右用于精深加工。主导产业开发和加工的青稞产品约7类20多种，包括糌粑粉、青稞酒、青稞面条等。特色产业通过开发系列青稞地方风味小吃、青稞特色食品、方便休闲食品和营养健康食品，提升了青稞加工利用价值。

青稞是青藏高原地区特色农牧业发展的重要组成部分，具有良好的资源优势、产业基础与政策机遇，但同时也面临着产业升级转型等一些亟待解决的问题（魏然等，2022）。

1.4.2 发展青稞产业的重要意义

青稞既是保障藏区粮食安全的重要作物，也是全区农牧民的重要就业渠道，农区家庭经营性收入的30%~40%来源于青稞（王薇，2021）。因此，为实现乡村振兴中产业兴旺、生活富裕的目标，应大力发展青稞加工业，延伸产业链、提高附加值，从而推进青稞加工产业的发展，助力青稞走出青藏高原。

发展青稞产业不仅能打造青稞精深加工重大科技成果集成化、产业化基地，还能构建青稞加工产业化关键技术与应用和科技创新与成果转化技术体系，建设青稞科研和技术推广队伍（梁珠英，2020），从而促使青稞产业转型升级，助力巩固脱贫成果和乡村振兴，推进健康中国建设。

1.4.3 青稞产业未来的发展趋势

青稞产业是我国藏区主导和特色的农牧产业，其良性循环能够促进企业、社会、农牧民等多方共赢，当前产业发展迎来了政策支持、营养健康产品需求旺盛等多重叠加的发展机遇。

（1）加大科技投入，提高创新能力

要加强产品技术创新和产品开发，解决青稞产品加工工艺、技术装备开发中的关键技术问题，积极引进先进、适用、成熟的加工技术，结合实际予以改进和完善，确保落地生根。加大对产品关键技术研发，提高产品技术含量，对青稞产品副产物进行梯次加工和高值化利用（张成刚，2021）。开发出能够满足广大消费者的安全、健康、方便的食品、饮品和有市场需求的保健品，将青稞加工向精深加工、高附加值加工转变。

（2）提升产品质量，打造地方品牌

目前，我国的消费转向了品牌消费的新时代，社会性和心理性、个性化需求逐步升级，企业要及时转变发展思路，贯彻新的发展理念，强化品牌发展意识，走差异化和优质高效的发展道路，要以品牌为核心，推动我国青稞产业又好又快发展。在推进生态保护和建设的基础上，坚持因地制宜、效益发展的原则，积极推进集约化、种养加一体化、产供销一体化、城乡一体化、规模化经营和“公司+商标品牌+基地+农牧户”等模式（徐建宏，2018），支持龙头企业、专业合作社做大做强，完善利益联结机制，使企业与农户都能从中获得收益。

（3）精准定位比较优势

充分发挥青藏高原独特的资源和自然环境优势，遵循“以特色农产品生产为主导，大力发展高附加值绿色农产品”的发展思路，做大做强特色产业，按照特色化、差异化发展，将青稞产品建设为独具特色的名优产品，突出“绿色、有机”的特点，体现产品的独特性，并在产品品质上加强竞争力，体现高原特色，提升产品深加工水平，打造“高端、优异、特色”的青稞产品。

参考文献

陈占录，2020. 青稞生产发展现状，存在问题及建议［J］. 农机使用与维修（2）：1.
党斌，安海梅，杨希娟，2015. 青稞面包加工配方优化［J］. 粮食与油脂，28（2）：17-20.
党斌，杨希娟，刘海棠，2009. 青稞加工利用现状分析［J］. 粮食加工，34（3）：69-71.
邓鹏，张婷婷，王勇，等，2020. 青稞的营养功能及加工应用的研究进展［J］. 中国食物与营养，26（2）：46-51.
顿珠次仁，张文会，强小林，2011. 速溶青稞粉的研制［J］. 粮食加工，36（6）：60-63.
甘雅文，扎西罗布，2019. 浅析青稞的营养成分及综合利用前景［J］. 西藏农业科技，41（2）：50-52.
宫林煜，舒森彪，毛鹏，等，2021. 青稞粉添加量对面团粉质特性及馒头品质的影响［J］. 农业科技与装备（3）：37-38，41.
龚凌霄，2013. 青稞全谷物及其防治代谢综合征的作用研究［D］. 杭州：浙江大学.
黄益前，张雨薇，郑万琴，等，2019. 低糖青稞蛋糕品质复合改良剂配方研发［J］. 美食研究，36（3）：54-59.
拉目吉，2012. 甘藏区青稞新品种特征特性及良种繁育和地膜栽培技术［J］. 现代农业科技（19）：37.
梁珠英，2020. 青海省青稞产业发展现状及对策建议［J］. 青海农林科技（1）：42-45，52.
刘国一，谢永春，普布贵吉，等，2019. 西藏隆子黑青稞产量与农艺性状灰色关联度分析［J］. 大麦与谷类科学，36

（2）：6.
刘小娇，王姗姗，白婷，等，2019. 青稞营养及其制品研究进展［J］. 粮食与食品工业，26（1）：43-47.
刘新红，2014. 青稞品质特性评价及加工适宜性研究［D］. 西宁：青海大学.
刘新红，杨希娟，吴昆仑，等，2013. 青稞品质特性及加工利用现状分析［J］. 农业机械（14）：49-53.
卢志超，杨士花，吴越中，等，2018. 普洱茶风味的青稞茶配方研制［J］. 中国食物与营养，24（3）：21-26.
王薇，2021. 让青稞走出雪域高原走向世界［N］. 中国食品报，2021-09-20（001）.
王晓芹，代宇，张宿义，等，2015. 青稞酒酿造研究进展［J］. 酿酒科技（3）：102-104.
魏然，梁昕，2022. 藏区青稞产业发展策略研究［J］. 农村经济与科技，33（6）：48-50.
吴昆仑，2018. 青稞早抽穗性状的遗传分析与直链淀粉含量的分子标记［D］. 雅安：四川农业大学.
吴舒颖，高纪儒，杜艳，等，2021. 青稞制品加工研究进展［J］. 食品研究与开发，42（21）：201-210.
向莉，任玉梅，孔建平，等，2014. 青稞优质高产栽培技术［J］. 农村科技（5）：3-4.
徐建宏，2018. 让品牌经济助力特色产业发展壮大［J］. 新西藏（汉文版）（2）：38-41.
徐莉莉，银晓，2021. 青稞饼干配方的优化［J］. 粮食与油脂，34（2）：30-32，70.
徐肖，栾海业，张英虎，等，2019. 青藏高原裸大麦种质资源形态多样性分析［J］. 浙江农业学报，31（7）：8.
杨健，张星灿，刘建，等，2018. 真空和面对非油炸青稞杂粮方便面品质的影响研究［J］. 食品与发酵科技，54（5）：41-45.
于翠翠，张文会，2018. 青稞酸奶加工工艺初探［J］. 西藏农业科技，40（4）：11-14.
张成刚，2021. 西藏青稞产业发展现状及农发行信贷支持策略［J］. 农业发展与金融（1）：38-40.
张慧娟，黄莲燕，张小爽，等，2017. 青稞面条品质改良的研究［J］. 食品研究与开发，38（13）：75-81.
张文会，2014. 西藏发展青稞加工产业的优势分析［J］. 现代农业科技（10）：320-321，324.
周智伟，刘战民，周选围，2018. 青稞加工制品研究进展［J］. 粮油食品科技，26（5）：11-16.
朱睦元，强小林，张玉红，等，2004. 从青稞中提取的β-葡聚糖制剂及其组合物：CN1597701［P］. 2004-08-13.

第二章　青稞的营养与功能

2.1　青稞的基本营养组成

青稞是近年来越来越受到关注的一种有发展前途的经济作物。淀粉是青稞的主要成分，在胚乳中占 75%~80%，与其他作物的淀粉相比，青稞淀粉具有更高的糊化温度、更好的回生能力和糊化能力，淀粉糊具有剪切变稀和非牛顿特性。青稞淀粉具有黏度低、稳定性好、生物相容性好、可生物降解、无毒副作用等优点。青稞的粗脂肪含量为 1.18%~3.09%，高于水稻等粮食作物，有助于调节内分泌、防止色素沉淀和生成、维持人体正常生理代谢。青稞中蛋白含量也较高，青稞蛋白可以改善肝硬化患者的营养状况，还可以降低血清甘油三酯浓度，加速脂质消除，降低心血管病的患病率。此外，青稞中还含有天然活性成分 γ-氨基丁酸。

2.1.1　青稞中淀粉类型与特质

青稞中主要成分为淀粉，含量一般为 58~67 g/100 g，其中直链淀粉质量分数在 0%~45%（Gao et al.，2009），不同品种青稞的淀粉在结构、糊化特性、淀粉老化特性等方面存在差异，而淀粉不同性质对最终食品的品质有决定性作用。

（1）颗粒形态

淀粉颗粒的形态及大小通常采用电子扫描显微镜及激光粒度

仪来测定。青稞淀粉的颗粒表面光滑，大小、形态分布较均匀，极小颗粒淀粉比例较少，大部分颗粒呈扁球状或椭圆状，青稞淀粉颗粒的偏光十字表现为垂直“十”字交叉，少部分呈“X”形，脐点位于淀粉颗粒中心位置（顿珠次仁等，2014；任欣等，2016）。

（2）结晶结构

青稞淀粉在衍射角 2θ 为 15°、17°、18°、20°和 23°时存在强衍射峰，为典型的 A 型衍射特征。衍射峰的位置和强度与淀粉颗粒内部结晶区的层状结构有关（Myers et al.，2000）。青稞淀粉相对结晶度平均为 21.74%~22.81%（郭洪梅，2016）。

（3）糊化特性

青稞淀粉与小麦淀粉相比，峰值黏度、低谷黏度均较低，但衰减值较高，表明青稞淀粉易吸水膨胀，膨胀后的淀粉强度较低，容易破裂，从而造成青稞热糊稳定性差；对有加热工艺的加工来说，青稞淀粉的加工品质较差（白婷等，2019）。

（4）冻融稳定性

青稞淀粉的析水率为 57.4%，凝胶体较硬，受到挤压易发生破裂，易剪切稀化，而小麦淀粉的凝胶体较软，析水率为 61.5%，因此青稞淀粉较小麦淀粉具有更强的冻融稳定性（张慧娟等，2016）。

另外，青稞中平均快消化、慢消化和抗性淀粉含量分别为 27.70%、6.65%、17.88%，抗性淀粉含量较高，占淀粉总量的 34.4%。因此，与大米、马铃薯等主食相比，食用青稞有助于保持餐后血糖稳定。

2.1.2 青稞中蛋白质类型与特质

青稞是一种优质的蛋白质来源，粗蛋白质含量为 7.68%~17.52%，平均 11.37%左右，低于燕麦和小麦但高于其他谷类作物（孟胜亚等，2019）。氨基酸是蛋白质的基本构成单位，其组成和比例影响着蛋白质的营养价值。青稞中含有 18 种氨基酸，包括人体必需的 8 种氨基酸，对于补充机体每日必需氨基酸具有重大意义。

青稞蛋白质和小麦、稻米等谷物的蛋白质一样，根据溶解性不同可分为 4 种主要蛋白质：清蛋白、球蛋白、醇溶蛋白和谷蛋白。青稞中 4 种蛋白质组分较为齐全，其醇溶蛋白含量较小麦醇溶蛋白少一些，而青稞谷蛋白却比小麦麦谷蛋白含量高得多，其谷蛋白达 47.83%，球蛋白含量为 12.73%，清蛋白含量为 12.95%，醇溶蛋白为 16.96%（臧靖巍，2005）。刘新红（2014）以 21 种青稞品种为原料，对青稞的蛋白质组成进行了分析，也得到了相似的结果，青稞蛋白质的 4 种组分中清蛋白、球蛋白、醇溶蛋白、谷蛋白含量的平均值分别为 20.48%、10.99%、21.04%、31.91%，即 21 个青稞品种的蛋白质组成中谷蛋白含量最高，球蛋白含量最少，清蛋白和醇溶蛋白含量相当。

2.1.3　青稞中脂质类型与特质

青稞中的脂肪含量在 2.01%~3.09%，低于玉米、高粱和燕麦，但高于水稻。青稞的脂肪主要集中在胚芽中，主要包括油酸、亚油酸、棕榈酸和亚麻酸。有研究发现，亚油酸（14.52%~50.79%）、油酸（10.32%~15.61%）、棕榈酸（9.61%~24.58%）和亚麻酸（2.95%~19.04%）对人体健康有益（姚豪颖叶等，2015）。青稞麸皮中含有的脂质含量在 8.1%左右，比米糠低，与麦麸、燕麦麸相似。亚油酸（占总脂肪酸的 75.08%）和棕榈酸（占总脂肪酸的 20.58%）是麸皮中的两种主要脂肪酸（钱俊伟等，2009）。青稞麸皮的脂肪酸组成中未发现亚麻酸，但其亚油酸含量高于棉花、豌豆、花生、大豆、米糠和葵花籽油。因此，青稞麸皮可以成为必需脂肪酸的一个良好来源。

2.1.4 青稞中维生素类型与特质

青稞作为我国青藏高原的优势特种作物，含有丰富的营养和生物活性成分，具有“三高两低”的组分特征，即高蛋白质、高维生素、高膳食纤维和低脂肪、低糖，其中维生素是人体体内所必需的营养物质之一。在维生素组成上，青稞中主要包括 B 族维生素（维生素 B_1 0.35 mg/100 g，维生素 B_2 0.091 mg/100 g），维生素 C（57.2～158.1 mg/100 g）和维生素 E（0.85～3.15 mg/100 g）。青稞中富含的维生素 E 是一种功能强大的脂溶性抗氧化剂，易于被人体吸收并且在青稞热加工过程中不易被分解，具有降血脂、抗氧化、抗癌、保护神经的特性。维生素 E 能降低血清中低密度脂蛋白胆固醇含量，预防心血管疾病的发生，有一定的抗氧化和清除体内自由基的功效，此外还具有预防癌症，辅助治愈白内障和提高机体免疫功能的作用（栾运芳等，2008）。青稞中的水溶性维生素主要是 B 族维生素。B 族维生素是十余种维生素的统称，其各自拥有自身的特点和功效，而它们普遍的共同点在于都是人体不可缺少的营养组成部分，且可以通过酶辅基的形式调节人体代谢。

2.1.5 青稞中矿物质类型与特质

青稞中的矿物质大都集中在麸皮中，大约有 33 种。青稞中主要的矿物质是钾、镁、锌、锰、钠、钙、硅等，以无机盐形式存在，如氧化物、磷酸盐等。矿物质含量总体上高于玉米，铁的含量甚至高于小麦和水稻（王梦倩等，2020）。矿物质的含量不是固定的，会受到品种、种植地区、生长环境如海拔、温度和降水的影响。矿物质的主要作用是构成人体骨骼以及调节生化反应酶。青稞中钾的含量最高，元素钾在人体内主要起到调节肌肉收缩、促进神经传导、调节酸碱值、帮助血液循环等作用。当人体缺钾时，会出现低血压、心律不齐、贫血、肌肉无力、易怒、厌食和腹泻等症状。

2.2　青稞功能成分组成

青稞含有多种功能成分，是其区别于普通大麦的组分特性，具有丰富的营养价值和突出的医疗保健作用，主要包括可溶性非淀粉多糖、酚类物质、黄酮类物质等。多糖是近年来被反复提倡的膳食组成成分，在减肥、低糖治疗中发挥着一定作用，因为其不能被肠胃道吸收所以不会产生血糖代谢；酚类是重要的活性物质，具有较强的自由基清除能力，在抗氧化、抗衰老等方面具有独特的生理功效；杨涛等（2015）研究发现青稞总黄酮含量比普通大麦高3倍，具有抗氧化、降低胆固醇、抗癌等诸多功效。坚持摄入青稞对多种慢性疾病有一定预防作用。

2.2.1　青稞膳食纤维

膳食纤维是一类物质的统称，包括纤维素、半纤维素和果胶，以及植物或藻类来源的其他多糖和低聚糖；包括未经改变但通过小肠在大肠中发酵的类似的非消化性碳水化合物，如抗性淀粉；还包括木质素、蜡、角质、皂角苷、多酚、肌醇六磷酸和植物甾醇的次要化合物。膳食纤维由于其有益的生理作用（高汪磊等，2015），如降低血胆固醇、改善大肠功能、降低餐后血糖和胰岛素水平等，近年来得到了广泛的研究。除了有益的生理作用，如降低胆固醇，控制糖尿病和改善消化系统（Jenkins et al.，1978），膳食纤维还可以促进有益肠道细菌的生长和活动（Paola et al.，2008）。在美国、日本等地，已经将添加膳食纤维作为抑制大肠癌、冠心病、糖尿病、肥胖症等疾病的方法之一。

2.2.2 青稞多糖

可溶性非淀粉多糖，β-葡聚糖和阿拉伯木聚糖（AX）是青稞多糖的主要组成部分，其中以β-葡聚糖为主，含量通常在3.66%~8.62%（戎银秀，2018），是青稞籽粒胚乳细胞壁中的一种多糖，其化学名称为(1,3)(1,4)-β-*D*-葡聚糖，由最小结构单位β-吡喃葡萄糖通过β-(1-3)和β-(1-4)两种糖苷键连接形成非淀粉多糖。β-(1-3)键通常单个存在，而β-(1-4)键最多能链接14个葡萄糖单位，β-葡聚糖因其分子结构上存在β-(1→3)糖苷键而可溶于水，但由于糖链中仍然存在大量β-(1→4)糖苷键，又使其难溶于水。这种结构使其热稳定性下降并具有一定的亲水性，且具有高黏性，易成凝胶等特性（陈晨等，2020）。青稞β-葡聚糖因其能增加肠道黏度而阻碍淀粉分子的分解和糖类吸收，延缓淀粉消化和餐后血糖升高，具有降低餐后血糖和胰岛素水平的效果，同时也具有降低胆固醇和提高免疫力等生物活性（Thandapilly et al.，2018）。β-葡聚糖的制备方法在一定程度上会影响其结构特征，郭欢（2020）对比了微波、超声、热水、加压水4种提取方式下β-葡聚糖的化学组成、相对分子质量、单糖组成等理化性质，较高的表观黏度和较高含量的β-葡聚糖通常表现出较高的生物活性。

青稞AX的主要单糖组成为阿拉伯糖、半乳糖、葡萄糖、木糖，含有α、β-糖苷键，具有分支结构的戊聚糖（姚豪颖叶等，2015）。姚豪颖叶等（2015）对先后经碱提、酶解、醇沉得到的青稞碱提阿拉伯木聚糖粗提物（HBAX）进行醇沉获得的组分HBAX-60展开结构分析，结果表明HBAX-60多糖链以线性为主，分支较少，主链分别由未取代的（36.2%）、单取代的（7.1%）和双取代的（12.1%）木糖残基通过β-(1→4)键组成。AX具有良好的持水性，在面制品中加入AX可显著提高其黏弹性、凝胶强度和稳定性。青稞中的 AX 主要存在于糊粉层中（约 70%），而淀粉质胚乳中约占 20%。因此，糊粉层是具有特定性质的青稞 AX 的良好来源。此外，AX 对降低血浆胆固醇、降血糖和改善矿物质吸附（例如钙和镁）也有很大作用（Gong et al.，2012）。

2.2.3 青稞酚类物质类型与特质

酚类化合物具有较强的抗氧化性能和清除自由基潜力，是有益于人体健康的主要生物活性化合物。谷物中酚类化合物主要有游离和结合两种存在形式，结合型酚类化合物主要包括阿魏酸、香豆酸等，是能与结构蛋白、淀粉、脂肪、纤维素、半纤维素等结构成分共价结合的酚类化合物；游离型酚类化合物主要包括黄酮类、酚酸和木质素等，多存在于植物细胞液泡中（阚建全，2020）。酚酸是青稞中最常见的酚类，主要存在于细胞壁化合物中。青稞中游离型酚酸只占酚酸总量的一小部分，它们是阿魏酸、香草酸、丁香酸和对香豆酸的衍生物（阚建全等，2020）。青稞中总酚含量为 336.21～453.94 mg/100 g，高于玉米、小麦、水稻和燕麦。此外，青稞原花青素质量分数在 2.54 mg/g 左右，总花色苷质量分数在 9.55 mg/g 左右。青稞因富含酚类物质而被证实具有抗氧化、清除自由基、抗衰老、增强免疫力等功效（Yang et al.，2018）。

2.2.4 青稞黄酮类物质类型与特质

黄酮类物质（flavonoids）是一种酚类化合物，其存在于几乎所有的植物中，具有抗癌、抗炎和抗过敏的功能。类黄酮主要存在于青稞籽粒的外层，而黄烷醇和花青素主要以糖苷形式存在于青稞果皮中，如花青素-3-葡萄糖苷、飞燕草苷-3-葡萄糖苷。花青素是一组水溶性色素和植物中广泛丰富的次生代谢物，它们大多存在于近地层或腹膜层中，触发紫色或蓝色内核颜色，青稞中主要原花色素是前脑素 B3（39~109 μg CE/g）和原花青素 B3（40~99 μg CE/g）（Bellido et al.，2009）。

丁丽娜（2019）对黑青稞采用超临界二氧化碳萃取，通过液相色谱-质谱联用方法鉴定出其含有 14 种黄酮类化合物，包括 8 种黄酮醇苷元及黄酮醇苷（芦丁、槲皮素-3-β-葡萄糖醛酸苷、金丝桃苷即槲皮素-3-*O*-吡喃半乳糖苷、杨梅素、槲皮素、山柰酚、异鼠李素、山柰素），5 种黄酮苷元及黄酮苷（夏佛塔苷、芹菜素-6-*C*-葡萄糖苷-8-*C*-葡萄糖苷、甘草素、芹菜素、苜蓿素）和 1 种黄烷醇苷（儿茶素）。Yang et al.（2018）发现，青稞粒中游离黄酮、结合黄酮和总黄酮含量分别为 20.61~25.59 mg/100 g、14.91~22.38 mg/100 g 和 37.91 ~ 47.89 mg/100 g，其中游离黄酮和结合黄酮分别占总黄酮的 55.90%和 44.10%。

2.3 青稞功能活性及机制

青稞中的功能活性成分众多，其对人体的生理代谢及营养保健方面有着积极的作用，了解青稞中各种活性成分的作用机制有助于科学摄入、合理摄入。

2.3.1 青稞调节脂质代谢作用及机制

青稞 β-葡聚糖可以维持或降低血液胆固醇水平，调节人体脂代谢。β-葡聚糖在肠道内的物理屏障作用，一方面可减少外源性物质的吸收，增加肠道内容物黏度，减少机体对脂质的摄入，β-葡聚糖在小肠中黏度大小与动物血浆中总胆固醇（TC）和低密度脂蛋白胆固醇（LDL-C）含量以及增重情况呈现显著负相关（仝海英等，2015）；另一方面可与胆汁酸发生有效结合，减少胆汁酸在肠道内肝肠循环过程中的重吸收作用，增加胆汁酸在肠道内的排泄，维持机体胆酸平衡（Wang et al.，2017），促使肝脏内胆酸合成的限速酶 CYP7A1 表达上升，肝细胞表面低密度脂蛋白受体（LDLR）的活性增强，使得肝细胞内 LDL-C 的转入增加，血清中 LDL-C 的清除速率加快，从而有效改善 TC、甘油三酯（TG）、LDL-C，以及高密度脂蛋白胆固醇（HDL-C）的水平，达到降低血脂的目的，且高剂量 β-葡聚糖降血脂效果更佳（Tong et al.，2015；孙鑫娟，2019）。

2.3.2 青稞调节血糖作用及机制

青稞中参与血糖调节的主要是 β-葡聚糖，其确切的作用机制尚未明确，可能有以下几类。

（1）保护和修复胰岛 β 细胞

小鼠试验中发现 β-葡聚糖减少了胰岛素的释放量，减轻了胰岛的负担，从而使受损胰岛 β 细胞有恢复的可能进而达到降血糖的效果。

（2）改善胰岛素抵抗

基于磷脂酰肌醇-3-激酶/丝/苏氨酸激酶（PI3K/Akt）信号通路活性的降低在糖尿病发病机理中的病理作用，β-葡聚糖可以通过调节脾脏酪氨酸激酶（syk）激活 PI3K/Akt 信号通路（Yokoyama et al.，2006）。

（3）改善糖代谢

β-葡聚糖可以增加胃肠内容物黏度、推迟胃肠的排空并影响其正常蠕动，在食物被消化的过程中，黏度的增加及水分活度的降低都会影响消化酶的活性，此外，β-葡聚糖也可能是由于干扰了碳水化合物的代谢，减少了外源葡萄糖的吸收。

2.3.3 青稞改善心脑血管疾病的作用及机制

心血管疾病与脂代谢异常有很重要的关系，尤其和冠心病、动脉粥样硬化等疾病密切相关，而青稞 β-葡聚糖具有显著的脂代谢调节能力，目前普遍认为 β-葡聚糖对心血管疾病的辅助治疗主要在于能显著降低血浆中的 TC 和 LDL-C 含量，增加 HDL-C含量，通过在饮食中加入适量的青稞 β-葡聚糖提取物，可有效地降低胆固醇，并具有显著的剂量依赖性。青稞 β-葡聚糖能够和胆汁酸结合并增加肠道内容物的黏度，限制胆汁酸的重吸收降低人体胆固醇的合成，已有大量的生理试验表明 β-葡聚糖在降低胆固醇和低密度脂蛋白方面具有特异的生理功效（Xia et al.，2017；Queenan et al.，2007）。

2.3.4 青稞抗肿瘤的作用及机制

青稞中酚类物质、稀有微量元素，以及 β-葡聚糖能起到抗肿瘤及预防癌症（如结肠癌）、增强人体免疫力的作用。朱勇（2017）研究发现青稞游离态和结合态提取物对人肝癌细胞（HepG2）、人乳腺癌细胞（MDA-MB-2311）和人结肠癌细胞（Caco-2）均表现出抗增殖活性，并发现在一定浓度范围内提取物样品的增殖活性随浓度的增大而增强。一些科学家从细胞和分子结构上研究肯定了 β-葡聚糖的提高人体免疫机能和抗肿瘤的作用，β-葡聚糖是抗肿瘤活性的生物反应调节剂，具有极强免疫激活作用，它表现出很强的刺激免疫和抗肿瘤活性，且抗肿瘤活性具有一定的剂量依赖性，可增强人体对细菌、病毒、真菌及寄生虫的感染与肿瘤的抵抗能力。青稞中含有黄酮类化合物，具有防止氧化、促进肿瘤细胞凋亡、阻滞细胞分裂周期的作用，能在一定程度上预防癌症。

2.3.5 青稞调节肠道菌群的作用及机制

青稞中膳食纤维和多酚均能改变肠道微生物群的组成，保持肠道微生物菌群的动态平衡，促进人体健康。膳食纤维在小肠中难以被消化和吸收，可以到达结肠，并与微生物群相互作用，能够促进有益菌生长，抑制有害菌繁殖，调节肠道微生物组成，具有预防肥胖、降低代谢综合征风险的作用。多酚化合物的生物有效性和生物利用度较低，90%~95%在小肠中不能被消化和吸收，到达结肠后能够与肠道微生物相互作用，调节肠道微生物群，维持肠道微生物群落平衡。研究表明，多酚化合物能够促进乳杆菌等有益菌生长，抑制致病菌生长，降低厚壁菌门（Firmicutes）和拟杆菌门（Bacteroidetes）的比例，修复肠道微生物失调（Bai et al.，2021）。膳食纤维与多酚类化合物能够发生协同作用，在肠道微生物的作用下，能够产生较多的短链脂肪酸（SCFAs），其中乙酸含量最高（鲁朝凤等，2021）。

2.4　加工过程中青稞营养及活性变化

深加工过程会影响食品的营养组分及功能活性，对青稞来说也是如此。常见的加工方式有干制、糖渍、盐腌、热处理、发酵、提取等。这些处理方式都会在一定程度上改变原料的物理结构及化学成分组成，了解加工过程的成分变化及功能活性变化可以更好地指导加工过程、优化工艺参数，使得制品有更好的营养价值、风味口感以提高其商业价值。

2.4.1　加工中热处理对青稞营养品质的影响

加工中热处理主要分为湿热处理和干热处理，这些热处理方式会影响青稞中蛋白质、淀粉，以及非淀粉多糖的结构特性和营养价值。湿热处理会破坏青稞淀粉颗粒表面形貌，且随水分含量的增加而加剧，使颗粒之间的粘连现象严重，同时还会破坏青稞淀粉的无定形结构、有序化结构和结晶结构（Bai et al.，2021；Wang et al.，2022），以及生成自由分子链再进行重新排列和聚合，从而使一些淀粉酶的作用位点被遮蔽，降低了淀粉的消化率，改变了青稞淀粉的消化性能和营养功能。干热处理同样具有降低淀粉消化性能的效果，且降低程度要高于湿热处理。热处理还会使青稞中的蛋白质发生降解，并且还降低了蛋白质的溶解性，从而影响对青稞中蛋白质的消化和吸收。

2.4.2 发芽过程中青稞营养品质变化

萌发可以改善和增强谷物的组织结构及营养特性，适当的萌发处理不仅能够提高谷物的营养价值，还能使人体更易吸收和利用蛋白质、淀粉、脂肪等大分子营养物质，同时增加其中对人体有益的活性物质含量。青稞萌发后，籽粒内部释放赤霉素，催化合成并释放大量有活性的酶，在酶的作用下青稞自身营养成分发生转化，细胞恢复生理活性，同时伴随着复杂的生化代谢（孟想等，2022）。已有研究表明，青稞中必需氨基酸和非必需氨基酸含量在萌发后增加了 3~4 倍；由于萌发后淀粉酶被激活，青稞中淀粉含量显著降低；种子萌发会产生大量的能量消耗，青稞中脂肪含量显著下降（梁雨荷等，2019）。青稞萌发会不同程度地增加青稞中活性成分的含量，β-葡聚糖、多酚，以及黄酮类化合物的含量较萌发前有所提高（白术群等，2022；张蕊杰等，2022），同时青稞萌发还会改变 β-葡聚糖的分子量和结构，从而影响 β-葡聚糖的抗氧化能力和抗炎能力（孙昌武等，2020）。

2.4.3 微生物发酵过程中青稞营养品质变化

青稞发酵可以增加青稞可溶性营养成分的含量和提高其生物活性，已有研究发现，乳酸菌发酵大麦可有效提高青稞中天然成分的活性，尤其是发酵产物中的 β-葡聚糖，同时发现其含量显著增加，其中 β-葡聚糖能有效抑制 3T3-L1 前脂肪细胞的分化，在抑制脂肪合成方面效果显著（Jeong et al.，2016）。此外利用外加菌种发酵技术可加快青稞中组分的生物转化率从而提高青稞的营养价值，如可以增加青稞淀粉消化速率，调节青稞膳食纤维结构；同时菌种可以分泌胞外多糖和特定益生元，以及分泌胞外酶分解青稞蛋白，释放活性肽和游离氨基酸（Lambo et al.，2005）；还能够促进核黄素、叶酸等维生素及其他生物活性物质进入循环，发生生理作用（Johansson et al.，2015）；并且还会产酸降低 pH 值提高植酸酶活性，分解植酸，促进对青稞中矿物质的吸收和利用（Lopez et al.，2001；Kumar et al.，2010）。有研究发现，经过曲霉发酵的青稞提取液的葡萄糖浓度和各种氨基酸的含量比未发酵的青稞提取液含量高，故发酵能够提升青稞的营养价值，是一种有益的青稞加工方式。

参考文献

白术群，李学进，陈兰，等，2022. 发芽对 2 种青稞营养成分及抗氧化活性的影响［J］. 食品科技，47（1）：171-176.

白婷，靳玉龙，朱明霞，等，2019. 青稞淀粉研究现状［J］. 中国粮油学报，34（4）：141-146.

陈晨，何蒙蒙，吴泽蓉，等，2020. 青稞 β-葡聚糖的研究现状与展望［J］. 中国食品添加剂，31（2）：172-177.

丁丽娜，2019. 青海特色食品资源沙棘、黑青稞、枸杞、黑枸杞中的黄酮类与脂肪酸类组分分析［D］. 杭州：浙江大学.

顿珠次仁，张文会，强小林，2014. 青藏区主要青稞品种淀粉理化特性分析［J］. 食品研究与开发，35（4）：14-18.

高汪磊，龚凌霄，张英，2015. 青稞作为我国高原特色谷物资源在功能食品领域的开发潜力［J］. 粮食与油脂，28

（2）：1-4.
郭洪梅，2016. 超微粉碎处理对杂粮（豆）淀粉结构及理化特性的影响［D］. 杨凌：西北农林科技大学.
郭欢，2020. 青稞β-葡聚糖的提取分离、结构表征、化学修饰及其生物活性研究［D］. 雅安：四川农业大学.
阚建全，洪晴悦，2020. 青稞生物活性成分及其生理功能研究进展［J］. 食品科学技术学报，38（6）：11-20.
梁雨荷，党斌，杨希娟，等，2019. 萌发青稞营养成分、多酚含量及抗氧化活性研究［J］. 食品科学技术学报，37（2）：70-81.
刘新红，2014. 青稞品质特性评价及加工适宜性研究［D］. 西宁：青海大学.
鲁朝凤，黄佳琦，黄勇桦，等，2021. 青稞膳食纤维和多酚对肠道微生物的协同调节作用［J］. 食品与发酵工业，47（8）：6-13.
栾运芳，赵惠芬，冯西博，等，2008. 西藏春青稞种质资源的特色及利用研究［J］. 中国农学通报，24（7）：55-59.
孟胜亚，张文会，于翠翠，等，2019. 西藏12个青稞品种（系）籽粒营养品质的比较分析［J］. 大麦与谷类科学，36（6）：1-5.
孟想，朱雪洋，张莉方，等，2022. 萌发处理对黑青稞活性成分组成及抗氧化能力的影响［J］. 食品与发酵工业，48（4）：158-164.
钱俊伟，将思萍，苏文涛，等，2009. 青稞麸皮油脂肪酸成分分析及其对高血脂症大鼠脂质代谢的影响［J］. 四川动物，28（5）：739-742.
任欣，孙沛然，闫淑琴，等，2016. 5种青稞淀粉的理化性质比较［J］. 中国食品学报，16（7）：268-275.

戎银秀，2018. 青稞β-葡聚糖的制备、结构解析及其降血脂活性的研究［D］. 苏州：苏州大学.
孙昌武，谢云飞，姚卫蓉，等，2020. 发芽处理对青稞β-葡聚糖抗氧化和抗炎作用的影响［J］. 食品工业科技，41（17）：308-313.
孙鑫娟，2019. 发酵大麦β-葡聚糖的特性及其对脂代谢调节作用研究［D］. 镇江：江苏大学.
仝海英，高继东，2015. 谷物β-葡聚糖对代谢的影响［J］. 青海医学院学报，36（3）：209-212.
王梦倩，孙颖，邵丹青，等，2020. 青稞的营养价值和功效作用研究现状［J］. 食品研究与开发，41（23）：206-211.
吴振，刘嘉，郑刚，等，2010. β-葡聚糖调节血糖作用及其机理的研究进展［J］. 中国粮油学报，25（12）：44-48.
杨涛，闵康，曾亚文，等，2015. 青稞和普通大麦全谷物功能成分差异分析［J］. 西南农业学报，28（6）：2360-2362.
姚豪颖叶，聂少平，鄢为唯，等，2015. 不同产地青稞原料中的营养成分分析［J］. 南昌大学学报（工科版），37（1）：11-15.
臧靖巍，2005. 青稞淀粉和蛋白质的化学组成及其工艺性质研究［D］. 重庆：西南农业大学.
张慧娟，王静，刘英丽，等，2016. 碱法提取青稞淀粉的理化性质研究［J］. 中国食品学报，16（3）：75-80.
张蕊杰，顾茁，薛辰旭，等，2022. 青稞萌芽富集酚类物质品种筛选及条件优化［J］. 食品与发酵工业，48（15）：193-200.
朱勇，2017. 青稞酚类化合物组成与抗氧化、抗肿瘤细胞增殖活性研究［D］. 广州：华南理工大学.

BAI J, LI T, ZHANG W, et al., 2021. Systematic assessment of oat β-glucan catabolism during *in vitro* digestion and fermentation [J]. Food Chemistry, 348: 129116.

BAI Y P, ZHOU H M, ZHU K R, et al., 2021. Effect of thermal treatment on the physicochemical, ultrastructural and nutritional characteristics of whole grain highland barley [J]. Food Chemistry, 346: 128657.

BELLIDO G G, BETA T, 2009. Anthocyanin composition and oxygen radical scavenging capacity (ORAC) of milled and pearled purple, black, and common barley [J]. Journal of Agricultural Food Chemistry, 57 (3): 1022-1028.

GAO J, VASANTHAN T, HOOVER R, 2009. Isolation and characterization of high - purity starch isolates from regular, waxy, and high - amylose hulless barley grains [J]. Cereal Chemistry, 86 (2): 157-163.

GONG L X, JIN C, WU L J, et al., 2012. Tibetan hull-less barley (*Hordeum vulgare* L.) as a potential source of antioxidants [J]. Cereal Chemistry, 89 (6): 290-295.

JENKINS D J, WOLEVER T M, LEEDS A R, et al., 1978. Dietary fibres, tibre analogues, and glucose tolerance: importance of viscosity [J]. British Mechical Journal, 1 (6124): 1392-1394.

JEONG H, LEE S, SANG W K, et al., 2016. Sigumjang (fermented barley bran) water-soluble extracts inhibit the expression of adipogenic and lipogenic regulators in 3T3-L1 adipocytes [J]. Food Science and Biotechnology, 25 (6): 1727-1735.

JOHANSSON D P, LEE I, RISÉRUS U, et al., 2015. Effects of unfermented and fermented whole grain rye crisp breads served as part of a standardized breakfast, on appetite and postprandial glucose and insulin responses: a randomized cross - over trial [J]. PloS One, 10 (3): 241-259.

KUMAR V, SINHA A K, MAKKAR H P S, et al., 2010. Dietary roles of phytate and phytase in human nutrition: a review [J]. Food Chemistry, 120 (4): 945-959.

LAMBO A M, OSTE R, MEGL N, 2005. Dietary fibre in fermented oat and barley beta - glucan rich concentrates [J]. Food Chemistry, 89 (2): 283-293.

LOPEZ H W, KRESPINE V, GUY C, et al., 2001. Prolonged fermentation of whole wheat sourdough reduces phytate level and increases soluble magnesium [J]. Journal of Agricultural and Food Chemistry, 49 (5): 2657-2662.

MYERS A M, MORELL M K, JAMES M G, et al., 2000. Recent progress toward understanding biosynthesis of the amylopectin crystal [J]. Plant Physiology, 122 (4): 989-998.

PAOLA V, AURORA N, VINCENZO F, 2008. Cereal dietary fiber: a natural functional ingredient to deliver phenolic compounds into the gut [J]. Trends in food Science & Technology, 19 (9): 451-463.

QUEENAN K M, STEWART M L, SMITH K, et al., 2007. Concentrated oat β-glucan, a fermentable fiber, lowers serum cholesterol in hypercholemic adults in a randomized controlled trial [J]. Nutrition Journal, 6 (1): 1-8.

THANDAPILLY S J, NDOU S P, WANG Y, et al., 2018.

Barley β - glucan increases fecal bile acid excretion and short chain fatty acid levels in mildly hypercholes-terolemic individuals [J]. Food & Function, 9 (6): 3092-3096.

TONG L T, ZHONG K, LIU L, et al., 2015. Effects of dietary hull - less barley β - glucan on the cholesterol metabolism of hypercholesterolemic hamsters [J]. Food Chemistry, 169: 344-349.

WANG H, LI Y, WANG L, et al., 2022. Multi-scale structure, rheological and digestive properties of starch isolated from highland barley kernels subjected to different thermal treatments [J]. Food Hydrocolloids, 129: 107630.

WANG Y, HARDING S V, THANDAPILLY S J, et al., 2017. Barley β-glucan reduces blood cholesterol levels via interrupting bile acid metabolism [J]. British Journal of Nutrition, 118 (10): 822-829.

XIA X, LI G, DING Y, et al., 2017. Effect of whole grain-Qingke (Tibetan *Hordeum vulgare* L. Zangqing 320) on the serum lipid levels and intestinal microbiota of rats under high-fat diet [J]. Journal of Agricultural and Food Chemistry, 65: 2685-2693.

YANG X J, DANG B, FAN M T, 2018. Free and bound phenolic compound content and antioxidant activity of different cultivated blue highland barley varieties from the Qinghai-Tibet Plateau [J]. Molecules, 23 (4): 879.

YOKOYAMA W H, SHAO Q, 2006. Soluble fibers prevent insulin resistance in hamsters fed high saturated fat diets [J]. Cereal Foods World, 51 (1): 16-18.

第三章　青稞的营养品质评价

3.1　青稞营养组分的评价方法

3.1.1　青稞基本营养组分的评价方法

（1）青稞中的粗蛋白质含量测定［《食品安全国家标准　食品中蛋白质的测定》（GB 5009.5—2016）］

将青稞籽粒研磨成平均粒径为 500 μm 的青稞粉。根据凯氏定氮法，使用凯氏定氮仪 8400 分析装置以及选择 6.25 的氮-蛋白质转换系数用于测定青稞粉的蛋白质含量。

（2）青稞中的粗脂肪含量测定［《食品安全国家标准　食品中脂肪的测定》（GB 5009.6—2016）］

将青稞籽粒研磨成平均粒径为 500 μm 的青稞粉。将 5 g 面粉称重至提取套筒中，并在索氏提取装置中使用石油醚（沸点=40~60℃）提取 6 h。蒸发溶剂后置于 105℃烘箱中干燥脂质 2 h。根据脂质残留物的质量和青稞粉的干物质比值计算青稞中粗脂肪含量。

（3）青稞中的淀粉含量测定［《食品安全国家标准　食品中淀粉的测定》（GB 5009.9—2016）］

将青稞籽粒研磨成平均粒径为 500 μm 的青稞粉，称取 2.0~5.0 g，置于放有慢速滤纸的漏斗中，用 30 mL 乙醚溶液分 3 次洗去样品中的脂肪。再用 150 mL 85%乙醇溶液分数次洗涤残渣，除去其中可溶性糖类物质。滤干乙醇溶液，用 100 mL 水洗涤漏斗中残渣并转移至 250 mL 锥形瓶中，往锥形瓶中加入 30 mL 6 moL/L 盐酸溶液，接好冷凝管，沸水浴中回流 2 h。回流完毕后，立即置于流水中冷却。待样品水解液冷却完全后，加入 2 滴甲基红指示剂，先以 40%氢氧化钠溶液调至黄色，再以 6 moL/L 盐酸溶液校正至水解液变为红色。加入 20 mL 20%乙酸铅溶液，摇匀，放置 10 min。再加入 20 mL 10%硫酸钠溶液，以除去过量的铅。摇匀后将全部溶液及残渣转入 1 000 mL容量瓶中，用水洗涤锥形瓶，洗液合并于容量瓶中，加水稀释至刻度。摇匀过滤，弃去初滤液，滤液供测定用。吸取 25 mL 滤液于三角瓶中，加入 25 mL 酒石酸铜溶液，在电炉上加热并煮沸 2 min，取下过滤并用 60℃蒸馏水洗涤烧杯和沉淀至洗液不呈碱性为止，再加 25 mL 蒸馏水，用玻璃棒搅拌到看不见氧化亚铜，以 0. 1 moL/L 高锰酸钾标准滴定液滴定至微红色，10 s 不褪色为终点。同样条件做空白试验。

（4）青稞中的灰分含量测定［《食品安全国家标准　食品中灰分的测定》（GB 5009. 4—2016）］

称取 2 g 青稞粉，在 525℃灰化 5 h 后，于干燥器中冷却，精确称量坩埚总质量（精确至 0. 1 mg），减去处理后坩埚质量，计算灰分质量。

3. 1. 2　青稞功能成分的评价方法

（1）青稞中的膳食纤维含量测定［《食品安全国家标准　食品中膳食纤维的测定》（GB 5009. 88—2014）］

根据国家标准 GB 5009. 88—2014 中酶-质量法测定青稞中不溶性膳食纤维（IDF）、高分子量可溶性膳食纤维（HMWSDF）和低分子量可溶性膳食纤维（LMWSDF）。

称取 1 g 样品 2 份，在含有 α-淀粉酶（98℃，30 min，pH

值=8.2)、蛋白酶（50 mg/mL；每毫升约350个酪氨酸单位），50%（v/v）的甘油（60℃，30 min，pH值=8.2）和淀粉糖酶（60℃，30 min，pH值=4.5）溶液中进行酶解处理，后加入280 mL预热至60℃的95%乙醇溶液，在室温下沉降12 h，利用真空抽滤装置将滤液滤除。

总膳食纤维含量。在残留物中按顺序加入10 mL 78%乙醇溶液洗涤沉淀物3次、10 mL 95%乙醇溶液洗涤2次、10 mL丙酮溶液洗涤2次，后经抽滤去除洗涤液。取下玻璃滤器并将带有残渣的玻璃坩埚置于105℃条件下烘干过夜，冷却、称重，去除玻璃坩埚及硅藻土的质量得到的即为残渣的质量 m_R；分别测定残渣中灰分和蛋白质的质量得到 m_A 和 m_P，通过空白试验得 m_B。

不溶性膳食纤维含量。在残留物中先加入70℃热水10 mL，洗涤残渣2次，然后按总膳食纤维含量测定法处理，顺序加入10 mL 78%乙醇溶液、10 mL 95%乙醇溶液、10 mL丙酮溶液洗涤，抽滤、烘干、冷却、称重得残渣的质量 m_R，分别测定残渣中灰分和蛋白质的质量得到 m_A 和 m_P，通过空白试验得 m_B。

总膳食纤维含量与不溶性膳食纤维含量的计算公式如下：

$$X=(m_R-m_P-m_B-m_A)/m \tag{3.1}$$

式中：m_R 为试样残渣质量均值（g）；m_P 为试样残渣中蛋白质质量（g）；m_A 为试样残渣中灰分质量（g）；m_B 为试剂空白质量（g）；m 为双份试样取样质量均值（g）。

可溶性膳食纤维含量。总膳食纤维含量减去不溶性膳食纤维含量即为可溶性膳食纤维含量。

$$\text{可溶性膳食纤维（SDF）}=\text{总膳食纤维（TDF）}-\text{不溶性膳食纤维（IDF）} \tag{3.2}$$

（2）青稞β-葡聚糖含量测定［《谷物及其制品中β-葡聚糖含量的测定》（NY/T 2006—2011）］

利用地衣聚糖酶与β-葡萄糖苷酶依次将β-葡聚糖水解成寡

糖、葡萄糖，葡萄糖在葡萄糖氧化酶作用下生成葡萄糖酸和过氧化氢，过氧化氢在过氧化物酶作用下，与4-氨基安替比林氧化缩合生成红色醌类化合物，此化合物在510 nm处的吸光度值与葡萄糖含量成正比。

（3）酚类物质

参照杨希娟等（2017）和周红等（2021）的方法提取酚类物质。

游离酚提取。准确称取1 g青稞粉，加入25 mL 80%丙酮溶液，室温条件下500 W超声提取30 min，5 000 r/min冷冻离心15 min，收集上清液，残渣用同样方法重复提取2次，合并3次上清液，45℃减压旋转蒸干，沉淀物用甲醇定容至10 mL，0.22 μm有机膜过滤，得到青稞游离态酚类物质提取液，-20℃避光保存。

结合酚提取。向提取过游离酚的残渣中加入20 mL正己烷溶液，2 000 r/min冷冻离心5 min，弃上清液，向沉淀物中加入17 mL 11%盐酸-甲醇溶液，70℃水浴1 h。加入20 mL乙酸乙酯溶液萃取3次，2 000 r/min冷冻离心5 min，合并乙酸乙酯萃取相，在45℃条件下旋转蒸发至干，用甲醇定容至10 mL，0.22 μm有机膜过滤，得青稞结合态酚类物质提取液，-20℃避光保存。

花青素提取。称取0.5 g青稞样品，按照料液比1∶15（g/mL），加入酸化甲醇，室温避光振荡提取3 h，4 000 r/min离心15 min，取上清液进行分析（王姗姗等，2020）。

1）总酚含量测定

游离酚和结合酚提取液中酚含量采用福林酚法（Folin-Ciocalteu）测定，参考Adom et al.（2003）的方法并稍作改进。吸取样品提取液125 μL于试管中，再加入500 μL蒸馏水和125 μL福林酚溶液，摇匀，反应6 min后加入1.25 mL 7%碳酸钠溶液，再加入 1 mL 蒸馏水，室温下避光放置 1.5 h 后，以甲醇代替样品提取液为空白调零，在波长 760 nm 下测定吸光度，重复 3 次。以没食子酸浓度为横坐标、A_{760}值为纵坐标绘制标准曲线。总酚含量以每 100 g 提取物（干基）中所含相当于没食子酸的毫克数表示，计算公式为：

$$酚含量（mg/100 g）=[(Y\times V)/(1\,000\times m)]\times 100 \tag{3.3}$$

式中：Y 为测定的总酚质量浓度（μg/mL）；V 为提取液的总体积（mL）；m 为样品除去水分后的质量（g）。

2）总黄酮含量测定

在游离酚和结合酚的提取物中测定游离黄酮和结合黄酮。参考 Adom et al.（2003）方法并稍作改进，吸取 100 μL 样品提取液于试管中，加入 200 μL 5%亚硝酸钠溶液，摇匀，6 min 后加入 200 μL 10%硝酸铝溶液，摇匀，6 min 后再加入 2 mL 4% 氢氧化钠溶液，室温避光放置 15 min 后，以甲醇代替样品提取液为空白调零，在波长 510 nm 下测定吸光度，重复 3 次。绘制吸光度与芦丁浓度的标准曲线。总黄酮含量以每 100 g 提取物（干基）中所含相当于芦丁的毫克数表示，计算公式为：

$$黄酮含量（mg/100 g）=[(Y\times V)/(1\,000\times m)]\times 100 \tag{3.4}$$

式中：Y 为测定的黄酮质量浓度（g/mL）；V 为提取液的总体积（mL）；m 为样品除去水分的质量（g）。

3）花青素含量测定

参考陈建国等（2016）方法，将花青素浓缩液分别用 pH 值 1.0 的 KCl-HCl 缓冲液、pH 值 4.5 的醋酸钠-盐酸缓冲液稀释后，平衡 1 h，用示差法测吸光度，并计算花青素含量，计算公式为：

$$花青素含量(mg/100\ g) = [A/(\varepsilon \times L)] \times Mw \times DF \times 100 \times (V/m) \quad (3.5)$$

式中：A 为吸光度；ε 为矢车菊花素-3-葡萄糖苷的消光系数（此处为 26 900）；L 为光程（取 1 cm）；Mw 为矢车菊花素-3-葡萄糖苷的相对分子质量（此处为 449.2）；DF 为稀释倍数；V 为待测花青素样品储备液体积（mL）；m 为干燥后青稞质量（g）；$A=(A_{515\ pH1.0}-A_{700\ pH1.0})-(A_{515\ pH4.5}-A_{700\ pH4.5})$。以蒸馏水作对照，用 A_{700} 来消除样液混浊的影响。

3.2 青稞营养特性的品种差异分析

青稞主要分布在我国海拔 4 200~4 500 m 的高寒地区，如西藏、青海，以及四川甘孜、四川阿坝、云南迪庆、甘肃甘南等地。青稞各品种的基本成分如灰分、蛋白质、脂肪、β-葡聚糖和碳水化合物含量的差异与来源有一定的相关性。在徐菲等（2016）的研究中发现（表 3-1），青海与西藏青稞的蛋白质含量、直链淀粉含量和灰分含量等存在显著差异；除蛋白质和β-葡聚糖含量外，青海与四川青稞的其他被测营养指标均有显著差异；青海与甘肃青稞的被测营养指标均有显著差异（总淀粉含量除外）；青海与云南青稞的蛋白质、直链淀粉、纤维、灰分和 β-葡聚糖含量均有显著差异；西藏与四川青稞的蛋白质、纤维、灰分含量均存在显著差异；西藏与甘肃青稞的直链淀粉、纤维和灰分含量均存在显著差异；西藏与云南青稞的直链淀粉、纤维、灰分和 β-葡聚糖含量均存在显著差异；四川与甘肃青稞的总淀粉、脂肪和 β-葡聚糖含量没有显著差异，其余被测营养指标均有显著差异；四川与云南青稞的被测营养指标均有显著差异（总淀粉含量除外）；甘肃与云南青稞的蛋白质、直链淀粉、脂肪和灰分含量等营养指标有显著差异。

表 3-1 不同地区青稞品种的基本营养成分 单位:%

地区	项目	蛋白质	总淀粉	直链淀粉	脂肪	纤维	灰分	β-葡聚糖
青海	平均值	12.34±1.42a	58.65±3.98b	20.02±2.22e	1.91±0.19a	2.67±0.35h	0.39±0.23c	5.09±0.91a
	变异系数	11.52	6.79	11.09	9.97	13.17	58.91	17.82
西藏	平均值	10.84±2.19bc	60.39±5.67ab	21.73±3.49b	1.89±0.25ab	2.70±0.50b	0.48±0.17b	5.18±0.92ab
	变异系数	20.18	9.39	15.05	13.17	18.54	38.58	17.85
四川	平均值	12.26±1.91a	60.65±4.03a	21.19±3.23b	1.81±0.15b	2.33±0.18c	0.58±0.38a	4.9±0.80ab
	变异系数	15.59	6.65	15.26	8.73	7.52	65.74	16.23
甘肃	平均值	10.69±2.43c	57.39±5.93ab	18.43±3.15b	1.72±0.08b	3.01±0.24a	0.17±0.09e	4.8±0.63bc
	变异系数	22.77	10.30	17.17	4.39	8.10	54.27	13.09
云南	平均值	11.00±2.50b	60.25±3.50ab	25.56±3.95a	1.94±0.20a	3.06±0.04a	0.26±0.13d	4.66±0.46c
	变异系数	22.70	5.98	15.48	10.28	1.45	51.51	9.87

注：同一列中的不同字母表示各产区之间的差异显著（$P<0.05$）。

3.2.1 青稞淀粉的品种品质分析

顿珠次仁等（2014）以青藏区主要的 7 个青稞品种为材料，采用湿法提取淀粉，研究发现淀粉颗粒直链淀粉含量决定淀粉的用途。由表 3-2 可以看出，青稞淀粉颗粒内部的直链淀粉含量由高到低的顺序依次为：冬青 8 号>昆仑 12 号>藏青 320>藏青 148>喜拉 19>北青 6 号>藏青 25，且直链淀粉含量在 7 个青稞品种的淀粉中具有显著性差异。碘蓝值反映了淀粉吸附碘的能力，与直链淀粉含量、分子大小，以及支链淀粉分子量大小、分子结构有关。由于直链淀粉的线性聚合度高，因此青稞粉中直链淀粉含量越高，碘蓝值则越大。从表 3-2 可以看出，7 种青稞淀粉中藏青 25 的碘蓝值最大，为 0. 33；藏青 320 的碘蓝值最小，与其对应的淀粉的直链淀粉含量不是 7 个青稞品种淀粉中的最大值和最小值，说明在研究的 7 个青稞品种中，其淀粉颗粒中直链淀粉可能具有更多的长侧链与碘络合，使得碘蓝值含量增加。

对于不同地区，徐菲等（2016）发现甘肃的品种总淀粉含量和直链淀粉含量变异最大，来自四川的品种的总淀粉含量最高，来自云南的品种的直链淀粉含量最高，来自甘肃的品种的总淀粉含量和直链淀粉含量最低（表 3–1）。对于不同颜色，白色品种的总淀粉含量差异最大，但直链淀粉含量差异最小；黑色品种总淀粉含量差异最小，但直链淀粉含量差异最大；蓝色品种总淀粉含量最高，白色品种总淀粉含量最低；黑色品种的直链淀粉含量最高，而蓝色品种直链淀粉含量最低。对于脂肪，蓝色品种的变异系数和含量均为最高，白色品种的变异系数最低，但黑色品种的平均含量最低（表 3–3）。

表 3–2　青稞淀粉颗粒组成特性

品种	总淀粉（%）	直链淀粉（%）	支链淀粉（%）	直支比	碘蓝值
喜拉 19	95. 36	5. 32±0. 01	90. 04	0. 059 1±0. 000 1	0. 27±0. 00
昆仑 12 号	95. 57	5. 52±0. 01	90. 05	0. 061 3±0. 000 1	0. 26±0. 02
藏青 148	90. 58	5. 38±0. 00	85. 20	0. 063 1±0. 000 1	0. 26±0. 00
藏青 25	97. 18	5. 16±0. 01	92. 02	0. 056 1±0. 000 2	0. 33±0. 00
冬青 8 号	95. 14	5. 63±0. 01	89. 51	0. 062 8±0. 000 2	0. 28±0. 01
北青 6 号	97. 95	5. 30±0. 00	92. 65	0. 057 3±0. 000 0	0. 27±0. 02
藏青 320	96. 96	5. 41±0. 01	91. 55	0. 059 0±0. 000 1	0. 25±0. 01

表 3-3 不同颜色青稞品种的基本营养成分 单位：%

颜色	项目	蛋白质	总淀粉	直链淀粉	脂肪	纤维	灰分	β-葡聚糖
白色	平均值	11.80±1.87ab	58.15±4.52a	20.75±2.91b	1.89±0.16a	2.74±0.41a	0.43±0.28a	5.11±0.89a
	变异系数	15.88	7.77	14.04	8.21	15.07	66.28	17.34
黑色	平均值	12.46±1.99a	60.38±3.47 a	22.13±3.92a	1.79±0.20a	2.77±0.32ab	0.40±0.15a	4.63±0.80b
	变异系数	15.97	5.75	17.73	11.13	11.56	36.97	17.29
蓝色	平均值	11.31±1.65b	61.56±3.62a	19.77±3.01c	1.92±0.28a	2.48±0.30b	0.32±0.19b	5.18±0.63a
	变异系数	14.56	5.88	15.23	14.35	12.21	58.13	12.17

注：同一列中的不同字母表示各颜色之间的差异显著（$P<0.05$）。

3.2.2 青稞蛋白质的品种品质分析

（1）蛋白质含量

徐菲等（2016）发现青稞品种蛋白质含量为8.14%~15.16%，平均为11.82%，变异系数达15.55%。有39.47%的青稞品种的蛋白质含量集中在11.0%~13.1%，含量小于11.0%的占31.57%，含量高于13.0%的占28.95%。对于不同地区，甘肃与云南的品种间变异最大，西藏和四川次之，青海最小；青海的品种蛋白质平均含量最高，四川次之，甘肃的品种蛋白质含量最低(表3-1)。对于不同颜色，黑色品种的变异系数最大且平均含量最高，蓝色品种的变异系数最小且平均含量最低（表3-3）。

侯殿志等（2020）检测29种青稞，发现其蛋白质含量的变化范围为8.74%~13.16%，平均含量10.55%，变异系数9.47%，品种间存在显著性差异。其中青稞XZDM00025的蛋白质含量最高（13.16%），而青稞冬青18号的蛋白质含量最低（8.74%）。总体而言，青稞中蛋白质的平均含量（10.55%）低于燕麦（约15%）和小麦（约12.25%），而高于其他谷类作物。

（2）蛋白质氨基酸组成

侯殿志等（2020）通过检测29种青稞，发现青稞普遍含有17种氨基酸（8种必需氨基酸和9种非必需氨基酸），每100 g中含有的氨基酸量见表3-4（必需氨基酸）和表3-5（非必需氨基酸）。从表3-4可以看出，29种青稞中总氨基酸含量变化范围为7.48%~11.86%，平均含量9.18%，其中青稞XZDM00025的总氨基酸含量最高（11.86%），而冬青18号的总氨基酸含量最低（7.48%），不同青稞品种的氨基酸存在显著性差异。必需氨基酸是人体自身不能合成或合成速度不能满足人体需要，必须从食物中摄取的氨基酸，对成人来讲必需氨基酸共有8种。从表3-4可看出，29种青稞中必需氨基酸亮氨酸（0.69%）、苯丙氨酸（0.49%）和缬氨酸（0.49%）的平均含量普遍偏高，其中以亮氨酸最为明显。相比于其他必需氨基酸，苏氨酸和甲硫氨酸含量较少，平均含量分别为0.11%和0.14%，且不同青稞品种的显著性差异不明显。另外，29种青稞中必需氨基酸占总氨基酸（*E/T*）的比例变化范围31.20%~33.25%，平均值32.21%。对于非必需氨基酸而言，29种青稞中谷氨酸的含量最高，变化范围1.86%~3.32%，平均值2.41%，品种间存在显著性差异。其中青稞XZDM00025的谷氨酸含量最高（3.32%），冬青18号的谷氨酸含量最低（1.86%）；其次为脯氨酸，平均含量为0.99%；相比于其他几种非必需氨基酸，酪氨酸和组氨酸的含量最少，平均含量分别为0.25%和0.22%。其他如丝氨酸（0.42%）、甘氨酸（0.42%）、丙氨酸（0.42%）、精氨酸（0.47%）等在29种青稞中的平均含量几乎没有太大的差距，它们及时的供给对满足水机体正常活动也很重要。总之，不同品种青稞中总氨基酸含量（包括必需氨基酸和非必需氨基酸）虽不尽相同，但均与其各自相应的蛋白质含量保持基本一

表 3-4　29 种青稞的必需氨基酸含量

品种	必需氨基酸（g/100 g）								总氨基酸含量（%）	E/T（%）
	缬氨酸（Val）	苏氨酸（Thr）	甲硫氨酸（Met）	异亮氨酸（Ile）	苯丙氨酸（Phe）	赖氨酸（Lys）	色氨酸（Try）	亮氨酸（Leu）		
苟芒籽青稞	0. 51	0. 34	0. 15	0. 35	0. 51	0. 37	0. 10	0. 71	9. 45	32. 17
藏青 2000	0. 47	0. 32	0. 14	0. 33	0. 50	0. 36	0. 11	0. 68	9. 08	32. 05
藏青 320	0. 5	0. 35	0. 16	0. 35	0. 51	0. 39	0. 10	0. 71	9. 50	32. 32
隆子黑青稞	0. 46	0. 31	0. 13	0. 31	0. 43	0. 34	0. 09	0. 63	8. 40	32. 14
冬青 18 号	0. 41	0. 28	0. 12	0. 27	0. 38	0. 33	0. 08	0. 57	7. 48	32. 62
青稞 XZDM00365	0. 44	0. 30	0. 13	0. 29	0. 38	0. 34	0. 10	0. 60	7. 85	32. 87
青稞 XZDM00474	0. 53	0. 36	0. 15	0. 36	0. 54	0. 40	0. 12	0. 75	9. 98	32. 16
青稞 XZDM00058	0. 45	0. 32	0. 13	0. 30	0. 44	0. 35	0. 10	0. 64	8. 46	32. 27
青稞 XZDM00067	0. 47	0. 34	0. 14	0. 31	0. 44	0. 37	0. 10	0. 67	8. 64	32. 87
青稞 XZDM00033	0. 51	0. 37	0. 16	0. 36	0. 60	0. 40	0. 12	0. 78	10. 50	31. 43
青稞 XZDM00026	0. 51	0. 36	0. 16	0. 35	0. 56	0. 40	0. 10	0. 75	10. 06	31. 71
青稞 XZDM00043	0. 48	0. 35	0. 14	0. 32	0. 47	0. 38	0. 10	0. 70	9. 14	32. 17
青稞 XZDM00001	0. 53	0. 36	0. 16	0. 36	0. 53	0. 39	0. 11	0. 73	10. 10	31. 39
青稞 XZDM00027	0. 53	0. 36	0. 15	0. 37	0. 58	0. 39	0. 11	0. 75	10. 34	31. 33
青稞 XZDM00074	0. 43	0. 31	0. 13	0. 29	0. 41	0. 35	0. 11	0. 61	8. 02	32. 92

（续表）

品种	必需氨基酸（g/100 g）								总氨基酸含量（%）	E/T（%）
	缬氨酸（Val）	苏氨酸（Thr）	甲硫氨酸（Met）	异亮氨酸（Ile）	苯丙氨酸（Phe）	赖氨酸（Lys）	色氨酸（Try）	亮氨酸（Leu）		
青稞 XZDM00054	0. 45	0. 32	0. 14	0. 31	0. 46	0. 35	0. 10	0. 65	8. 64	32. 18
青稞 XZDM00216	0. 51	0. 35	0. 16	0. 34	0. 49	0. 39	0. 11	0. 72	9. 42	32. 59
青稞 XZDM00046	0. 42	0. 29	0. 12	0. 28	0. 39	0. 32	0. 10	0. 59	7. 68	32. 68
青稞 XZDM00035	0. 52	0. 36	0. 15	0. 35	0. 53	0. 39	0. 12	0. 73	9. 84	32. 01
青稞 XZDM00293	0. 49	0. 34	0. 15	0. 34	0. 47	0. 39	0. 10	0. 69	9. 11	32. 60
青稞 XZDM00075	0. 49	0. 34	0. 14	0. 33	0. 49	0. 39	0. 10	0. 69	9. 14	32. 49
青稞 XZDM00345	0. 44	0. 31	0. 13	0. 29	0. 40	0. 35	0. 10	0. 60	7. 93	33. 04
青稞 XZDM00397	0. 53	0. 37	0. 16	0. 36	0. 53	0. 40	0. 11	0. 75	10. 01	32. 07
青稞 XZDM00381	0. 45	0. 32	0. 13	0. 30	0. 39	0. 37	0. 10	0. 62	8. 06	33. 25
青稞 XZDM00025	0. 59	0. 41	0. 18	0. 41	0. 67	0. 43	0. 15	0. 86	11. 86	31. 20
青稞 XZDM00052	0. 48	0. 34	0. 14	0. 32	0. 47	0. 38	0. 1	0. 67	9. 06	32. 01
青稞 XZDM00023	0. 51	0. 35	0. 15	0. 35	0. 54	0. 38	0. 12	0. 72	9. 83	31. 74
青稞 XZDM00014	0. 51	0. 35	0. 16	0. 35	0. 50	0. 39	0. 11	0. 71	9. 45	32. 59
青稞 XZDM00055	0. 46	0. 32	0. 13	0. 32	0. 48	0. 36	0. 11	0. 66	9. 08	31. 28
平均值	0. 49	0. 34	0. 14	0. 33	0. 49	0. 37	0. 11	0. 69	9. 18	32. 21

表 3-5 29 种青稞的非必需氨基酸含量

单位：g/100 g

品种	天冬氨酸（Asp）	丝氨酸（Ser）	谷氨酸（Glu）	甘氨酸（Gly）	丙氨酸（Ala）	酪氨酸（Tyr）	组氨酸（His）	精氨酸（Arg）	脯氨酸（Pro）
苟芒籽青稞	0. 62	0. 43	2. 53	0. 42	0. 42	0. 24	0. 22	0. 48	1. 05
藏青 2000	0. 59	0. 39	2. 45	0. 40	0. 40	0. 25	0. 21	0. 46	1. 02
藏青 320	0. 64	0. 42	2. 49	0. 42	0. 44	0. 28	0. 22	0. 50	1. 02
隆子黑青稞	0. 57	0. 39	2. 23	0. 38	0. 39	0. 24	0. 20	0. 42	0. 88
冬青 18 号	0. 53	0. 35	1. 86	0. 36	0. 36	0. 22	0. 18	0. 41	0. 77
青稞 XZDM00365	0. 57	0. 38	1. 95	0. 39	0. 39	0. 20	0. 20	0. 41	0. 78
青稞 XZDM00474	0. 68	0. 46	2. 62	0. 46	0. 46	0. 25	0. 24	0. 51	1. 09
青稞 XZDM00058	0. 59	0. 40	2. 23	0. 40	0. 40	0. 22	0. 20	0. 41	0. 88
青稞 XZDM00067	0. 61	0. 41	2. 21	0. 42	0. 43	0. 23	0. 21	0. 42	0. 86
青稞 XZDM00033	0. 65	0. 46	2. 91	0. 44	0. 44	0. 29	0. 24	0. 50	1. 27
青稞 XZDM00026	0. 65	0. 46	2. 72	0. 44	0. 44	0. 28	0. 24	0. 50	1. 14
青稞 XZDM00043	0. 63	0. 43	2. 37	0. 44	0. 43	0. 25	0. 23	0. 46	0. 96
青稞 XZDM00001	0. 65	0. 47	2. 75	0. 44	0. 44	0. 28	0. 24	0. 50	1. 16
青稞 XZDM00027	0. 66	0. 46	2. 87	0. 44	0. 45	0. 24	0. 24	0. 51	1. 23
青稞 XZDM00074	0. 58	0. 37	2. 01	0. 39	0. 38	0. 20	0. 19	0. 42	0. 84
青稞 XZDM00054	0. 59	0. 39	2. 25	0. 40	0. 40	0. 25	0. 20	0. 46	0. 92

（续表）

品种	天冬氨酸（Asp）	丝氨酸（Ser）	谷氨酸（Glu）	甘氨酸（Gly）	丙氨酸（Ala）	酪氨酸（Tyr）	组氨酸（His）	精氨酸（Arg）	脯氨酸（Pro）
青稞 XZDM00216	0. 65	0. 43	2. 39	0. 44	0. 44	0. 27	0. 23	0. 52	0. 98
青稞 XZDM00046	0. 52	0. 36	2. 02	0. 36	0. 36	0. 18	0. 19	0. 38	0. 80
青稞 XZDM00035	0. 65	0. 46	2. 63	0. 44	0. 44	0. 27	0. 23	0. 50	1. 07
青稞 XZDM00293	0. 66	0. 43	2. 32	0. 43	0. 44	0. 24	0. 22	0. 48	0. 92
青稞 XZDM00075	0. 63	0. 42	2. 38	0. 43	0. 43	0. 22	0. 22	0. 46	0. 98
青稞 XZDM00345	0. 59	0. 38	1. 95	0. 39	0. 4	0. 21	0. 19	0. 41	0. 79
青稞 XZDM00397	0. 68	0. 45	2. 64	0. 45	0. 46	0. 30	0. 23	0. 54	1. 05
青稞 XZDM00381	0. 58	0. 39	1. 97	0. 41	0. 41	0. 2	0. 20	0. 45	0. 77
青稞 XZDM00025	0. 73	0. 52	3. 32	0. 49	0. 5	0. 33	0. 27	0. 57	1. 43
青稞 XZDMI00052	0. 62	0. 42	2. 36	0. 42	0. 42	0. 25	0. 22	0. 48	0. 97
青稞 XZDM00023	0. 62	0. 45	2. 65	0. 43	0. 42	0. 31	0. 23	0. 54	1. 06
青稞 XZDM00014	0. 65	0. 43	2. 49	0. 45	0. 46	0. 29	0. 23	0. 51	0. 98
青稞 XZDM00055	0. 60	0. 40	2. 39	0. 40	0. 40	0. 25	0. 21	0. 46	0. 97
平均值	0. 62	0. 42	2. 41	0. 42	0. 42	0. 25	0. 22	0. 47	0. 99

致，如青稞 XZDM00025 的总氨基酸和蛋白质含量均是 29 种青稞中最高的。

（3）青稞蛋白质的营养价值

徐菲等（2016）根据 WHO/FAO 制定的模式，对 38 个来自不同产地的青稞品种蛋白质的营养价值进行分析，采用氨基酸评分（AASCS）、化学评分（CS）及必需氨基酸指数（EAAI）等营养指标进行评价。发现不同青稞品种间的必需氨基酸含量变异较大，必需氨基酸占氨基酸总量的百分比（*E/T*）变异较小。每克供试青稞蛋白质中必需氨基酸总和平均值为 317.048 mg，低于全鸡蛋蛋白质，接近 WHO/FAO 推荐值（360 mg），其中藏青 25（488.58 mg）、北青 9 号（388.52 mg）、云青 2 号（383.19 mg）和藏青 690（371.70 mg）的必需氨基酸总和较高，大于 WHO/FAO 推荐值（360 mg）。供试青稞蛋白质中的 *E/T* 平均值为 34.88%，接近 WHO/FAO 推荐值（36%），其中北青 3 号（38.28%）、柴青 1 号（38.08%）、短白青稞（37.99%）、云青 2 号（37.75%）、藏青 320（37.25%）、门农 1 号（36.93%）、阿青 6 号（36.32%）、甘青 5 号（36.13%）、北青 4 号（36.02%）的 *E/T* 值略高于 WHO/FAO 推荐值，说明以上青稞品种的蛋白营养价值较高。通过青稞蛋白质中的必需氨基酸与 WHO/FAO 推荐值的比较可知，青稞蛋白质的第一限制性氨基酸是赖氨酸，第二限制性氨基酸是异亮氨酸，第三限制性氨基酸是苏氨酸，但云青 2 号和 12-915 的赖氨酸含量较高，分别为每克蛋白中含赖氨酸 76.15 mg 和 46.55 mg，其第一限制性氨基酸分别为异亮氨酸、甲硫氨酸（表 3-6）。对于不同地区，青稞品种间氨基酸品质存在显著差异。其中青海与西藏的青稞品种除赖氨酸含量无显著差异外，其余各指标均差异显著；青海与四川青稞品种的 EAAI 有显著差异；青海与甘肃的青稞品种在赖氨酸含量、氨基酸比值系数评分（SRC）等指标方面有显著差异，青海与云南的青稞品种在赖氨酸含量、AASCS、生物价（BV）、营养指数（NI）等指标方面有显著差异；西藏与四川的青稞品种间的显著差异主要在AASCS、EAAI、BV等指标；西藏与甘肃的青稞品种所有被测指标均差异显著；西藏与云南的青稞品种除SRC外其余被测指标均有显著差异；四川与甘肃的青稞品种的赖氨酸含量、BV、SRC有显著差异；四川与云南的青稞品种的赖氨酸含量、BV、NI等指标有显著差异（表3-7）。甘肃与云南的青稞品种在赖氨酸含量、BV、NI、SRC间均差异显著。以赖氨酸含量为评价依据，青稞蛋白品质由高到低依次为云南>四川>西藏>青海>甘肃。以AASCS为评价依据，由高到低依次为西藏>云南>甘肃>四川>青海，说明西藏地区青稞蛋白质中必需氨基酸比例最高。以CS为评价依据，由高到低依次为西藏>云南>甘肃>青海>四川，说明西藏的青稞蛋白质的氨基酸组成与人体氨基酸模式最一致。以EAAI、BV为评价依据，由高到低依次为西藏>四川>云南>甘肃>青海。以NI为评价依据，由高到低依次为西藏>甘肃>四川>青海>云南，说明西藏的青稞蛋白质营养价值最高。以SRC为评价依据，由高到低依次为甘肃>西藏>云南>四川>青海，说明甘肃的青稞蛋白质的氨基酸组成与WHO/FAO推荐的氨基酸模式最一致（表3-7）。对于不同颜色，除黑色品种与蓝色品种的EAAI存在显著差异外，不同颜色青稞的氨基酸品质差异基本不显著（表3-8）。

表3-6　青稞蛋白质的必需氨基酸组成与比较

氨基酸	平均值（mg/g）	范围（mg/g）	变异系数（%）	氨基酸比值系数	鸡蛋蛋白质（mg/g）	WHO/FAO推荐值（mg/g）
异亮氨酸（Ile）	32.858	20.578~55.006	17.676	0.919	54	40

（续表）

氨基酸	平均值（mg/g）	范围（mg/g）	变异系数（%）	氨基酸比值系数	鸡蛋蛋白质（mg/g）	WHO/FAO推荐值（mg/g）
亮氨酸（Leu）	63.361	50.295～100.471	15.503	1.011	86	70
赖氨酸（Lys）	33.850	24.558～76.147	25.792	0.685	70	55
苏氨酸（Thr）	33.941	24.705～53.426	16.923	0.947	47	40
缬氨酸（Val）	45.388	32.132～73.145	17.198	1.013	66	50
甲硫氨酸+胱氨酸（Met +Cys）	31.195	15.112～58.657	24.972	1.429	57	35
苯丙氨酸+酪氨酸（Phe + Tyr）	75.955	57.102～107.067	15.732	0.995	93	60
必需氨基酸总和	317.048	244.985～488.575	13.246	—	473	360

表 3-7　不同地区青稞品种的必需氨基酸评价

地区	赖氨酸（Lys）（%）	氨基酸评分	化学评分	必需氨基酸指数	生物价	营养指数	氨基酸比值系数评分
青海	0.386b	85.32c	97.94c	61.16c	54.97d	7.56b	68.05c
西藏	0.398b	99.47a	99.13a	100.72a	98.09a	8.55a	73.77b
四川	0.405b	88.43bc	97.89bc	71.68b	66.43b	7.64ab	71.84bc
甘肃	0.367c	92.14bc	98.21bc	63.76bc	57.80d	7.74b	78.28a
云南	0.427a	93.02b	98.78b	66.92bc	61.24c	7.11c	72.23bc

注：同一列中的不同字母表示各地区之间的差异显著（$P<0.05$）。

表 3-8 不同颜色青稞品种的必需氨基酸评价

颜色	赖氨酸（Lys）（%）	氨基酸评分	化学评分	必需氨基酸指数	生物价	营养指数	氨基酸比值系数评分
白色	0. 395a	89. 93a	98. 08a	64. 53ab	58. 64a	7. 55a	69. 64a
黑色	0. 412a	85. 99a	98. 20a	61. 95b	55. 82a	7. 58a	70. 28a
蓝色	0. 368a	91. 26a	98. 53a	65. 88a	60. 11a	7. 43a	74. 33a

注：同一列中的不同字母表示各颜色之间的差异显著（$P<0.05$）。

（4）蛋白质亚基组成

青稞蛋白质按照溶解度的不同分为清蛋白、球蛋白、醇溶蛋白和谷蛋白。刘新红（2014）的研究表明，21 种青稞的 4 种蛋白质平均占比分别为 20.48%、10.99%、21.04%、31.91%；与小麦相比，青稞的醇溶蛋白含量略低于小麦，但谷蛋白含量较小麦高。王洪伟等（2016）的研究表明，青稞醇溶蛋白与谷蛋白的比例为 1 ∶ 2.820，而小麦醇溶蛋白与谷蛋白的比例为 1 ∶ 1.494。青稞与小麦醇溶蛋白的分子量均在 30~40 kDa，但小麦的带谱分布范围较青稞宽。根据分子量的不同，小麦谷蛋白分为高分子量谷蛋白和低分子量谷蛋白。虽然高分子量谷蛋白的比例约为总谷蛋白的 10%，但它对小麦的加工质量有着决定性的影响。小麦高分子量谷蛋白的条带数和总量均高于青稞高分子量谷蛋白，这可能也是青稞无法形成面筋的重要原因（图 3-1）。

3.2.3 青稞脂肪的品种品质分析

（1）脂肪含量

对于不同地区，西藏品种变异最大，云南次之，甘肃最小；云南品种的平均脂肪含量最高，甘肃品种最低（表 3-1）。对于不同颜色，蓝色品种的脂肪变异系数和含量均为最高，白色品种的脂肪变异系数最低，但黑色品种的脂肪平均含量最低（表 3-3）。

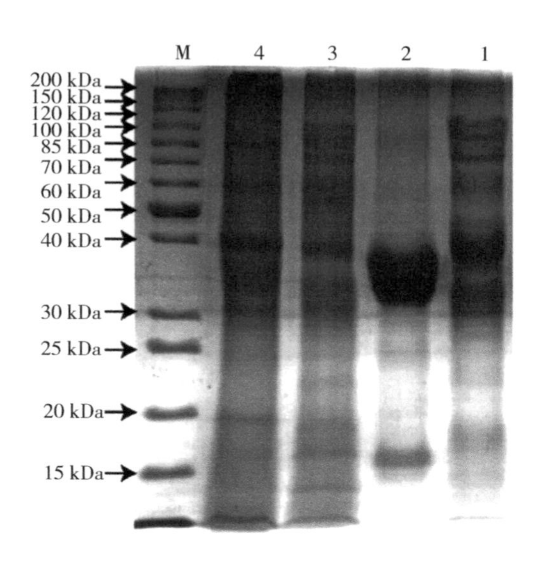

M：Marker；泳道 1：小麦醇溶蛋白；泳道 2：青稞醇溶蛋白；
泳道 3：小麦谷蛋白；泳道 4：青稞谷蛋白。

图 3-1　青稞和小麦中醇溶蛋白和谷蛋白的 SDS-PAGE 电泳图（12%分离胶）

侯殿志等（2020）检测 29 种青稞，发现脂肪的含量范围为 2.44%~4.48%，平均含量 2.89%，变异系数 12.87%，脂肪含量最高的是隆子黑青稞（4.48%），最低的是青稞 XZDM00074（2.44%），品种之间存在显著性差异。相比于其他谷类作物的脂肪含量，如小米（约 6.73%）、玉米（约 5.0%）等，青稞的脂肪含量相对较低。

（2）脂肪酸组成

青稞脂肪含量低，还含有人体必需的脂肪酸、亚油酸等，使青稞具有降低血胆固醇、血脂，防治动脉粥样硬化症，预防心血管疾病和癌症的功能。姚豪颖叶等（2015）研究表明青稞中的脂肪酸成分主要是 $C_{18:2(9,12)}$、$C_{18:1(9)}$ 和 $C_{16:0}$，而又以 $C_{18:2(9,12)}$ 含量最多。而且青稞中亚油酸的含量丰富，胚芽油中亚油酸含量为55%，麸皮油中亚油酸的相对含量则达到了75.1%（表3-9）。

表3-9 不同产地青稞原料中脂肪酸的质量分数

编号	$C_{14:0}$	$C_{16:0}$	$C_{16:1(9)}$	$C_{18:0}$	$C_{18:1(9)}$	$C_{18:1(11)}$	$C_{18:2(9,12)}$
HB1	0.12	10.81	0.05	0.67	9.11	0.40	25.26
HB2	0.10	9.26	0.05	0.56	6.78	0.31	24.81
HB3	0.10	11.95	0.06	0.58	8.76	0.45	30.73
HB4	0.09	12.41	0.07	0.73	8.73	0.46	27.82
HB5	0.13	16.75	0	1.00	11.55	0.62	37.73
HB6	0.10	12.28	0.06	0.59	9.11	0.47	32.33
HB7	0.11	13.08	0.06	0.92	9.15	0.45	30.52
HB8	0.08	9.66	0.06	0.68	8.32	0.41	27.26
HB9	0.06	11.14	0.07	0.53	8.33	0.46	27.23
HB10	0.08	9.66	0.06	0.68	8.32	0.41	27.26
HB11	0.07	7.59	0.05	0.53	6.86	0.32	24.10
HB12	0.07	10.91	0.07	0.56	8.03	0.48	29.52
HB13	0.07	10.27	0.06	0.62	6.79	0.39	25.27

3.2.4 青稞β-葡聚糖的品种品质分析

（1）β-葡聚糖含量

对于不同地区，西藏的品种间差异最大，其次是青海、四川、甘肃，云南最小；西藏品种的β-葡聚糖含量最高，平均值达5.18%，其次是青海、四川、甘肃，云南品种最低(表3-1)。对于不同颜色，白色和黑色品种间差异较大，蓝色品种间差异相对较小；蓝色品种β-葡聚糖平均含量最高，其次是白色品种，黑色品种最低（表3-3）。

（2）β-葡聚糖平均分子量

江丹等（2021）采用高效凝胶排阻色谱柱法测定醇溶物和

醇不溶物中β-葡聚糖分子量分布情况。结果表明，青稞醇不溶物中β-葡聚糖分子量分布在6万~20万Da的占比75.35%以上，30万~50万Da分子量区间占比在8%以内，最大分子量不超过50万Da（表3-10）。青稞醇溶物中β-葡聚糖分子量分布与在40%以下的不同体积分数乙醇溶液中的分子量分布差异较大，1万~20万Da分子量区间占比从65.71%到91.6%；最大分子量不超过50万Da，且占比很小（表3-11）。

表3-10 青稞醇不溶物中β-葡聚糖分子量分布数据

乙醇体积分数（%）	β-葡聚糖含量（%）	分子量区间分布占比（%）				
		6万~10万Da	10万~20万Da	20万~30万Da	30万~40万Da	40万~50万Da
0（热水）	43.80	54.75	31.29	7.03	2.68	—
0（冷水）	53.43	44.92	36.65	9.94	3.60	1.64
10	55.07	35.56	40.25	13.76	5.02	2.14
20	55.08	41.96	35.86	12.22	4.52	1.99
30	55.45	39.63	38.33	12.20	4.67	2.10
40	47.19	37.72	38.68	12.98	4.99	2.24
50	45.74	40.29	35.70	12.27	4.95	2.35
60	40.63	36.58	38.77	12.72	5.08	2.39
70	38.58	41.03	35.70	12.15	4.87	2.29
80	36.00	34.78	42.92	11.94	4.78	2.25
95	27.53	41.97	34.71	12.21	4.84	2.26

注：“—”表示未检出。

表3-11 青稞醇溶物中β-葡聚糖分子量分布数据

乙醇体积分数（%）	β-葡聚糖含量（%）	分子量区间分布占比（%）				
		1万~10万Da	10万~20万Da	20万~30万Da	30万~40万Da	40万~50万Da
0（热水）	17.77	64.83	26.77	7.18	1.22	—

（续表）

乙醇体积分数（%）	β-葡聚糖含量（%）	分子量区间分布占比（%）				
		1万~10万 Da	10万~20万 Da	20万~30万 Da	30万~40万 Da	40万~50万 Da
0（冷水）	5.43	47.61	27.95	14.03	7.79	2.61
10	2.35	78.12	11.75	5.03	2.43	—
20	1.86	21.19	45.32	21.68	11.23	—
30	1.03	30.09	35.62	16.79	8.74	4.75
40	1.60	36.59	30.23	16.67	11.08	5.44
50	0.44	100.00	—	—	—	—
60	0.44	97.18	—	—	—	—
70	0.45	98.56	—	—	—	—

注：“ — ”表示未检出。

3.2.5 青稞多酚的品种品质分析

青稞籽粒中含有多种酚类化合物，主要有酚酸类、黄酮类和花青素类。其中，阿魏酸是从青稞品种的游离和结合提取物中发现的含量最丰富的酚类化合物。青稞总酚含量在132.15~912.51 mg/100 g干质量（没食子酸当量），总黄酮质量分数在32~58 mg/100 g干质量（芦丁当量），高于玉米、大米、小麦和燕麦含量（夏雪娟，2018）。此外，青稞总花青素质量分数在9.55 mg/100 g左右（Lin et al.，2018）。青稞中80%左右的总酚分布在麸皮和胚芽部位，其中黑色品种青稞的总酚、总黄酮和花青素含量最高（朱勇，2017）。

青稞酚类化合物的含量和组成受其品种、生长环境、提取方法的影响较大（江丹等，2021）。Shen et al.（2016）研究表明黑青稞中含有丰富的酚类化合物，阿魏酸、对香豆酸是黑青稞酚类化合物的主要成分，含量分别为 19.14 mg/g、14.59 mg/g。徐菲等（2016）通过 HPLC 分析昆仑 15 号青稞外层麸皮多酚组成及含量，检测到没食子酸、2,4-二羟基苯甲酸、丁香酸、阿魏酸等总共 16 种酚酸和黄酮类物质，总量达 325.104 mg/100 g。杨希娟等（2017）比较了不同粒色青稞酚类物质的含量发现，4 种粒色青稞酚类物质含量（游离酚+结合酚）在 414.7~466.96 mg/100 g，且不同粒色间青稞酚类物质含量具有一定的差异，总酚类物质含量的高低顺序依次为黑色>紫色>黄色>蓝色，其中黄色组与蓝色组组间差异不显著，黑色组显著高于其他粒色组。游离酚平均含量的顺序依次为黑色组>黄色组>紫色组>蓝色组，结合酚平均含量的顺序依次为黑色组>紫色组>蓝色组>黄色组。黑色组青稞具有较高的酚类物质含量，可作为潜在的生产青稞功能产品的原料。黑色组青稞的总酚（游离酚+结合酚）和总黄酮（游离黄酮+结合黄酮）在组间最高（表 3-12）。受品种遗传性的影响，不同粒色组青稞的酚类物含量及抗氧化活性存在品种间的差异。通过主成分分析得到酚类物含量及抗氧化活性最高的品种分别为云青 2 号（紫色组）、循环亮蓝（蓝色组）、14-947（黑色组）和短白青稞（黄色组），均可作为潜在的生产青稞功能产品的原料。

表 3-12　不同粒色青稞酚类含量

酚类含量	项目	紫色组	蓝色组	黑色组	黄色组
游离酚	均值（mg/100 g）	202.51±23.76Bc	207.11±19.65 Ab	225.34±25.97Ba	223.61±34.17Aa
	变幅（mg/100 g）	170.45~238.38	166.20~237.60	196.65~273.94	172.95~278.01
	变异系数（%）	11.7	9.5	11.5	15.3

（续表）

酚类含量	项目	紫色组	蓝色组	黑色组	黄色组
结合酚	均值（mg/100 g）	221.91±19.77Ab	207.59±22.38Ac	241.62±23.45Aa	191.40±18.48Bd
	变幅（mg/100 g）	172.97~247.45	170.10~240.75	187.74~279.66	155.05~233.89
	变异系数（%）	8.9	10.8	9.7	9.7
游离黄酮	均值（mg/100 g）	19.88±4.65Bb	23.60±2.19Aa	23.33±3.20Aa	23.78±4.43Aa
	变幅（mg/100 g）	12.84~26.53	20.63~28.11	18.80~28.59	16.59~32.53
	变异系数（%）	23.4	9.3	13.7	18.6
结合黄酮	均值（mg/100 g）	21.08±3.08Aa	18.61±2.06Bb	22.15±4.11ABa	18.23±2.94Bb
	变幅（mg/100 g）	15.44~27.03	14.95~22.38	15.92~27.92	12.48~22.92
	变异系数（%）	14.6	11.1	18.5	16.1

注：表中数据为3次重复的平均值，小写字母表示不同组间差异显著（$P<0.05$），大写字母表示同一组间游离态与结合态物质的显著差异（$P<0.05$）。紫色组：14-Z28、14-Z29、14-Z264、14-Z299、14-Z505、14-Z510、14-Z520、14-Z525、14-Z530、14-Z538、14YN-748、13YN-5、甘孜黑六棱、云青2号。蓝色组：北青2号、北青4号、北青8号、北青9号、甘青4号、藏青320、藏青690、门农1号、门源亮蓝、循化亮蓝、瓦蓝青稞、肚里黄。黑色组：黑老鸦、14-946、14-947、14-949、14-950、14-Z523、14-Z526、14-Z528、14-Z533、14-Z536、14-Z541、Z560。黄色组：北青6号、昆仑12号、昆仑14号、昆仑15号、康青3号、康青6号、甘青3号、甘青5号、阿青5号、阿青6号、柴青1号、藏青25、短白青稞、长黑青稞。

参考文献

陈建国，梁寒峭，李金霞，等，2016. 囊谦黑青稞的功效成分检测与分析［J］. 分析与检测，42（8）：199-202.
顿珠次仁，张文会，强小林，2014. 青藏区主要青稞品种淀粉理化特性分析［J］. 食品研究与开发，35（4）：14-18.
国家食品药品监督管理总局，2016. GB 5009. 6—2016 食品安全国家标准 食品中脂肪的测定［S］. 北京：中国标准出版社.
国家食品药品监督管理总局，2016. GB 5009.5—2016 食品安全国家标准 食品中蛋白质的测定［S］. 北京：中国标准出版社.
国家卫生和计划生育委员会，2014. GB 5009. 88—2014 食品安全国家标准 食品中膳食纤维的测定［S］. 北京：中国标准出版社.
国家卫生和计划生育委员会，2016. GB 5009.4—2016 食品安全国家标准 食品中灰分的测定［S］. 北京：中国标准出版社.
侯殿志，沈群，2020. 我国 29 种青稞的营养及功能组分分析［J］. 中国食品学报，20（2）：289-298.
江丹，刘晶晶，王鹏，等，2021. 青稞提取物溶解性及分子量分布研究［J］. 农产品加工（9）：18-20.
刘新红，2014. 青稞品质特性评价及加工适宜性研究［D］. 西宁：青海大学.
王洪伟，武菁菁，阚建全，2016. 青稞和小麦醇溶蛋白和谷蛋白结构性质的比较研究［J］. 食品科学，37（3）：43-48.
王姗姗，刘小娇，胡赟，等，2020.西藏地区不同粒色青稞多酚及花青素含量分析［J］. 现代农业科技（19）：217-220.
夏雪娟，2018. 青稞全谷粉对高脂膳食大鼠胆固醇肝肠代谢的影响机制研究［D］. 重庆：西南大学.
徐菲，党斌，杨希娟，等，2016. 不同青稞品种的营养品质评价［J］. 麦类作物学报，36（9）：1249-1257.
徐菲，杨希娟，党斌，等，2016. 酸法提取青稞麸皮结合酚工艺优化［J］. 农业工程学报，32（17）：301-308.
杨希娟，党斌，徐菲，等，2017. 不同粒色青稞酚类化合物含量与抗氧化活性的差异及评价［J］. 中国粮油学报，32（9）：34-42.
姚豪颖叶，聂少平，鄢为唯，等，2015. 不同产地青稞原料中的营养成分分析［J］. 南昌大学学报（工科版），37（1）：11-15.
中国国家标准化管理委员会，2016. GB 5009. 9—2016 食品安全国家标准　食品中淀粉的测定［S］. 北京：中国标准出版社.
中华人民共和国农业部，2011. NY/T 2006-2011 谷物及其制品中 β-葡聚糖含量的测定［S］. 北京：中国标准出版社.
周红，张杰，张文刚，等，2021. 青海黑青稞营养及活性成分分析与评价［J］. 核农学报，35（7）：1609-1618.
朱勇，2017. 青稞酚类化合物组成与抗氧化、抗肿瘤细胞增殖活性研究［D］. 广州：华南理工大学.
ADOM K K, SORRELLS M E, LIU R, 2003. Phytochemical profiles and antioxidant activity of wheat varieties［J］. Journal of Agricultural and Food Chemistry, 51（26）: 7825-7834.
LIN S, GUO H, GONG J D, et al., 2018. Phenolic profiles, β-glucan contents, and antioxidant capacities of colored Qingke（Tibetan hulless barley）cultivars［J］. Journal of Cereal Science, 81: 69-75.
SHEN Y B, ZHANG H, CHENG L L, et al., 2016. In vitro and in vivo antioxidant activity of polyphenols extracted from black highland barley［J］. Food chemistry, 194: 1003-1012.

第四章　青稞的理化及加工特性

4.1　青稞的理化及加工特性的分析方法

4.1.1　物理品质的测定方法

（1）堆积密度

通过测量已知体积样品的重量来评估谷物的堆积密度。将样品倒入量筒中，轻轻敲击 10 次并填充至 500 mL。结果表示为 g/L。

（2）千粒重

用天平称量 1 000 个未损坏的生谷物或膨化谷物，结果表示为 g。

（3）硬度

将青稞籽粒径向放在硬度计的夹具上。当连续按下工作按钮时，通过丝杠逐渐增加弹簧的张力直到青稞被压碎。颗粒被压断时的最大压力为硬度值，结果表示为 kg。

（4）颜色

青稞的颜色变化由具有 CIE L、a 和 b 色标的数字色度计测定。其中 L 代表样品的明暗程度从 0（黑色）变为 100（白色），a 代表绿色（$-a$）到红色（$+a$）的程度，而 b 代表从蓝色（$-b$）到黄色（$+b$）的程度。

4.1.2 加工品质的测定方法

（1）青稞籽粒的水合能力

将 50 个青稞籽粒置于 125 mL 的锥形瓶中，加入 100 mL 蒸馏水。将锥形瓶在室温下放置过夜，将青稞从水中取出并沥干，对浸泡后的青稞籽粒重新称重。每个青稞籽粒的水合能力的计算公式如下：

每个青稞籽粒的水合能力=（浸泡后重量-浸泡前重量）/50 （4.1）

（2）青稞的食用品质

根据 Ranghino 试验来测定青稞的最佳蒸煮时间。将大约 100 mL 蒸馏水在 250 mL 烧杯中煮沸［（98±1）℃］，然后将 10 g 青稞放入沸水中，在放入青稞后即刻开始计时。在 20 min 后，每隔 1 min 从沸水中取出 10 粒青稞，置于 2 个干净的透明玻璃板之间挤压，判断是否煮熟。当至少 90%的谷物不再有不透明的核心或未煮熟的中心时，记录所需时间为最适蒸煮时间。

利用装有 P/36 R 探头的质构分析仪对煮熟青稞进行质构测定。程序参数设置为：测量前后速度为 2 mm/s，测量过程中速度为 1 mm/s。每个样品至少进行 20 次测量。测量指标包括硬度、黏度、凝聚力和咀嚼性。

（3）青稞的磨粉品质

出粉率不仅与籽粒的千粒重、容重关系紧密，还会受籽粒饱满程度、降落数值、种皮厚度等多个因素的影响。青稞分级制粉的麸皮由碾削系统的皮层粉，辊式磨系统的粗麸和细麸组成。青稞粉为辊式磨系统的皮磨粉、心磨粉、打麸粉和旋风磨系统的旋风粉、打麸粉的总和，以入磨青稞质量为基础计算青稞出粉率，计算公式如下：

青稞麸皮=皮层粉+粗麸+细麸 （4.2）

$$青稞粉=皮磨粉+心磨粉+打麸粉+旋风粉 \tag{4.3}$$

（4）青稞粉的粒度分布

采用激光粒度分析仪测定青稞粉粒度分布，测定结果用 D50 表示。测定粒度范围在 0.1～300 μm，测试过程中折光率应控制在 10%～15%。

（5）青稞粉持水性

取一定量样品（g），记为 $w1$，按 1∶10（w/v）比例加入蒸馏水，室温下搅拌混匀 30 min，2 500 r/min离心 20 min，弃上清液，沉淀称重记为 $w2$（g），持水性（water holding capacity，WHC）计算公式如下：

$$WHC\ (g/g) = (w2-w1)\ /w1 \tag{4.4}$$

（6）青稞粉吸水膨胀性

取一定量样品 w（g）于带刻度试管中，记录体积为 $v1$，后按 1∶10（w/v）比例加入蒸馏水，充分混匀后于室温下放置 24 h，记录体积为 $v2$，吸水膨胀性（swelling capacity，SWC）计算公式如下：

$$SWC\ (mL/g) = (v2-v1)\ /w \tag{4.5}$$

（7）青稞粉吸油能力

取一定量样品（g），记为 $v1$，按 1∶10（w/v）比例加入食用油，充分混匀，室温下放置 1 h，1 500 r/min离心 20 min，弃上层油，沉淀用滤纸吸去游离食用油，残渣称重记为 $w2$，吸油能力（oil absorption capacity，OAC）计算公式如下：

$$OAC\ (g/g) = (w2-w1)\ /w1 \tag{4.6}$$

（8）青稞粉的糊化特性

使用快速黏度分析仪（RVA）测定青稞粉的糊化特性。将 3.5 g 青稞与 25 g 去离子水制成悬浮液，将悬浮液加热至 50℃并保持 1 min，然后以 12℃/min 的速率加热至 95℃，并保持 2.5 min。随后，温度在 3.75 min 内降至 50℃，保持 2 min。糊化过程中的初始转速为 960 r/min，剩余运行速度为 160 r/min。记录糊化温度（GT）、峰值黏度（PV）、最小黏度（MV）和最终黏度（FV）。使用 Thermocline 软件计算击穿黏度（PV－MV）和回退黏度（FV－MV）值。

（9）青稞粉的热特性

差示扫描量热仪（DSC）用于分析青稞的热性能。将 3 mg 青稞粉与 6 μL 去离子水混合，置于铝盘中，让样品在 4℃下平衡 24 h。然后，以 10℃/min 的速率将样品从 30℃加热至 100℃，氮气流速设为 50 mL/min。使用空铝盘作为空白对照，记录热焓变化（ΔH）、起始温度（To）、峰值温度（Tp）和结束温度（Tc）。

4.2 青稞的理化及加工特性

4.2.1 青稞的物理特性

大麦颜色的划分有多种方法，Jia et al.（2016）发现，大麦的籽粒颜色一般指大麦颖果的颜色，是由色素沉积在果皮和糊粉层中形成的。大麦颜色主要可以分为黄色、白色、蓝色、紫色、黑色 5 种颜色，外种皮含有原花青素的籽粒为黄色；在颖片和果皮中含有花色苷的籽粒为紫（红）色；在颖片或果皮中含有黑色素的籽粒为黑色；在谷物的糊粉层中含有花色素的籽粒为蓝色；在外种皮、颖片、糊粉层等组织中不含任何生物色素的籽粒为白色。青稞和大麦同属于大麦属，与大麦的亲缘关系十分近，所以大麦粒色划分的标准同样适用于有色青稞的分类。新修订的《青稞》（GB/T 11760—2021）国家标准于 2021 年 10 月 1 日正式实施。该标准将青稞分为白青稞、黑青稞、蓝青稞、混合青稞四大类。杨希娟等（2017）报道，不同粒色青稞中的酚类化合物主要以酚酸的形式存在，其中结合酚是有色青稞酚酸的主要存在形式，黑色青稞具有较高的酚类化合物含量。

4.2.2　青稞的加工特性

出粉率、灰分和面粉色泽是衡量磨粉品质的主要指标。在藏区具有代表性的 21 个青稞品种中，青稞的平均出粉率为 51.31%，出粉率较低。灰分平均含量为 1.08%，仅昆仑 15 号的灰分含量较低，为 0.43%，表明青稞面粉中麸星多、加工精度低。面粉亮度（*L* 值）平均值为 81.50%，面粉的白度较大。不同品种青稞间出粉率、面粉亮度（*L* 值）差异较小，面粉灰分含量、面粉 *a* 值（红绿值）和 *b* 值（黄蓝值）在不同品种间有较大差异，变异系数分别达 21.97%、136.16%、19.45%（夏雪娟，2018）。

沉淀值是评价谷物蛋白质含量和质量的综合指标，与谷物的烘烤品质（指面包烘焙品质）关系密切。藏区具有代表性的 21 个青稞品种中，青稞的沉降值很低，平均值为 13.79 mL，也反映了青稞蛋白质质量较差，不利于面包的烘焙加工。其变幅区间为 3.5～45 mL，其中瓦蓝青稞、肚里黄、昆仑 12 号、昆仑 13 号的沉降值较大，藏青 25、阿青 6 号、甘青 5 号、昆仑 15 号、藏青 320、藏青 690、短白青稞的沉降值均较小（夏雪娟，2018）。

4.2.3　理化及加工特性的品种差异分析

（1）淀粉的溶解特性

任欣等（2016）测定了 5 个常见青稞品种的溶解特性。溶解度表示淀粉在吸水膨胀过程中溶出的可溶性直链淀粉的量。这是因为在淀粉糊化的过程中，直链淀粉由于没有分支结构无法参与淀粉成糊的过程，加热过程中水分子进入淀粉颗粒引起淀粉膨胀，会有一定量的直链淀粉溶出。由表4-1可知，5个青稞品种的溶解度分布范围为3.21%~7.29%，其中藏青320的溶解度显著高于其他几种青稞。

（2）淀粉的膨胀度

淀粉的膨胀通常伴随淀粉颗粒的吸水膨大，支链淀粉微晶束溶解，直链淀粉晶体双螺旋结构溶解，直链淀粉脱离，胶体形成，直链淀粉重结晶等过程。膨胀度表示淀粉糊化后淀粉分子的持水能力强弱。膨胀度的测定依据淀粉在糊化过程中直链淀粉和支链淀粉在两相体系中的不相溶性，通过冷冻离心法进行。由表4-1可知，5个青稞品种的膨胀度分布范围为5.89~8.74 g/g，品种之间有显著性差异，其中藏青320品种的溶解度显著高于其他几种青稞。

（3）淀粉的透光率

透光率是淀粉糊重要外在特征之一，与淀粉的老化回生性质密切相关，对淀粉类产品的外观和用途起着重要作用。由表4-1可知，5个青稞品种的透光率分布范围为2.07%~9.17%，品种之间有显著性差异。如果淀粉颗粒在吸水与受热时完全膨润，且糊化后淀粉分子不发生缔合，则淀粉糊液中无残存的淀粉颗粒以及回生后所形成的凝胶束，当光线穿过淀粉糊液时无反射和散射现象产生。淀粉糊的透明度是淀粉的一个重要外在特征，它能反映淀粉与水结合的情况。淀粉糊的透明度与淀粉的溶解度有关，若淀粉在水中能完全膨胀糊化，则淀粉糊中几乎不存在能引起光线折射的未糊化淀粉，淀粉溶液即具有较高的溶解度。蜡质青稞中直链淀粉含量非常少，而在老化过程中只有直链淀粉的重结晶会引起淀粉糊透明度变化，且支链淀粉的重结晶对淀粉糊的透明度影响不大，因此蜡质青稞淀粉糊透明度很好。

表 4-1　青稞淀粉理化性质测定结果

品种	直链淀粉含量（%）	透光率（%）	溶解度（%）	膨胀度（g/g）
藏青 320	19.32	8.47	7.29	8.74
昆仑 12 号	17.79	7.53	3.21	7.31
肚里黄	23.94	2.07	4.14	7.79
北青 3 号	22.86	7.73	4.25	8.21
北青 6 号	19.00	9.17	3.53	5.89

郑学玲等（2011）测定了质量分数 2%的青稞淀粉糊在不同温度下的溶解度和膨胀力。如表 4-2 所示，在 30℃时，淀粉品种林周 148、北青 6 号和昆仑 6 号 3 种淀粉的溶解度要大于藏青 320，这说明林周 148、北青 6 号和昆仑 6 号 3 种淀粉在较低温度下有较好的溶水性。随温度的逐渐升高，青稞淀粉的溶解度都呈现出增大的趋势。但在 30℃、40℃、50℃时，淀粉的溶解度随温度增大的趋势都很小，从 60℃开始，淀粉的溶解度都开始明显增大，这是因为随着温度的升高，水分进入淀粉颗粒中，淀粉颗粒开始吸水膨胀，同时造成未结晶部分直链淀粉因受热作用而逐渐溶于水中，所以使淀粉的溶解度增加。青稞淀粉的溶解度都随温度的升高而增大，但增大的趋势存在差异，其中林周 148 淀粉的溶解度随温度的升高增大的趋势最显著，这是因为林周 148 淀粉的直链淀粉含量最高，随着温度的升高，颗粒中直链淀粉溢出得多，从而使淀粉的溶解度增大。总体上，青稞淀粉的溶解度与直链淀粉含量呈正相关性，但淀粉的溶解度不仅仅受直链淀粉含量的影响，还受到淀粉颗粒结构、支链淀粉链长、直链淀粉-脂肪复合物含量等因素的影响。膨胀特性是淀粉糊化过程的动力学过程，膨胀具有松弛、膨胀和收缩 3 个过程。松弛是糊化前淀粉的吸水和结构的松弛过程，膨胀是淀粉颗粒晶体的溶解和直链

淀粉的脱离过程，收缩表明了直链淀粉脱离后颗粒内外压力差的变化。青稞淀粉的膨胀力都随着温度的升高而增大（表 4-2），在 60℃以下时，青稞淀粉的膨胀力较小，当温度达到 70℃时，淀粉的膨胀力开始明显增大，青稞淀粉存在一个初期膨胀阶段和快速膨胀阶段，因为在升温过程中，随着温度接近淀粉的糊化温度，淀粉的微晶束结构开始松动，从而使淀粉暴露出来的极性基团与水结合，使淀粉颗粒急剧吸收周围的水分，造成其膨胀力快速增加。林周 148、昆仑 6 号和北青 6 号这 3 种青稞淀粉的溶解度和膨胀力要明显大于藏青 320 淀粉，这与其淀粉的颗粒大小和脂肪含量有关，在淀粉颗粒中，小颗粒的淀粉之间堆积紧密，吸水膨胀空间阻力大，藏青 320 淀粉的小颗粒淀粉含量较高，从而使溶解度和膨胀力受到影响，脂类物质会抑制淀粉颗粒的膨胀和溶解，而且脂类与直链淀粉形成直链淀粉-脂肪复合物，也会影响淀粉的溶解度和膨胀力。

表 4-2　不同温度下青稞淀粉溶解度与膨胀力

温度（℃）	溶解度（%）				膨胀力（g/g）			
	林周 148	昆仑 6 号	北青 6 号	藏青 320	林周 148	昆仑 6 号	北青 6 号	藏青 320
30	1.90	2.23	2.35	0.64	2.62	2.81	2.53	2.65
40	2.06	3.40	2.57	1.03	3.05	2.95	2.92	2.75
50	2.62	4.32	2.81	1.30	3.55	3.49	3.16	2.79
60	5.77	6.01	4.14	1.48	7.46	7.74	7.01	5.96
70	9.49	9.35	6.29	2.44	9.88	9.34	9.07	7.31
80	45.15	12.44	11.30	3.81	11.87	10.43	11.51	8.21
90	15.71	13.61	13.67	5.04	13.23	12.63	12.66	8.56

表 4-3　不同放置时间青稞淀粉的透光率

时间（h）	透光率（%）			
	林周 148	昆仑 6 号	北青 6 号	藏青 320
0	12.00	14.10	16.50	10.10
3	10.40	12.10	14.50	9.40
6	9.50	11.80	13.90	9.00
12	8.90	11.20	13.30	8.90
24	8.70	10.70	13.10	8.80
36	8.60	10.50	13.00	8.70
48	8.50	10.40	12.90	8.70
72	8.50	10.40	12.90	8.70

表 4-3 是质量分数 1%的青稞淀粉糊在不同贮藏时间下的透光率。在 0 h 时，4 种青稞淀粉的透明度存在着差异，其中北青 6 号淀粉的透光率最大，透明度最好；藏青 320 淀粉的透光率最小，透明度也就最差。总的来说，总淀粉含量高的淀粉糊的透明度好，但在放置过程中，淀粉糊的透明度还受淀粉的分子结构及分子链的长短影响。在放置过程中，青稞淀粉透光率都随着放置时间的延长而逐渐下降，但在放置的初期，淀粉的透光率迅速下降，随后透光率下降的趋势减缓趋于极限。这是因为淀粉糊在静置的过程中，淀粉分子之间重新排列、互相缔合发生老化影响了淀粉糊的透明度，在静置初期淀粉糊的老化度迅速增加，但随着时间的延长，老化度增加的速度减慢并逐渐趋于饱和。但在放置的过程中不同的淀粉老化速度不同，从而引起透明度的下降趋势也就不同。在放置 72 h 后，林周 148 淀粉的透光率最小，透明度最差，北青 6 号淀粉的透明度最好，这与其淀粉中直链淀粉含量和脂肪含量有关，直链淀粉的含量是影响淀粉糊老化的主要内部因素。直链淀粉的链状结

构，使其在溶液中空间阻碍小，易于取向和老化，淀粉中直链淀粉含量越高，淀粉就越易发生老化，淀粉糊的透明度也就越低。而脂类会抑制其淀粉颗粒的膨胀和溶解，直链淀粉-脂肪复合物会使淀粉糊不透明度或混浊度增加，所以脂肪含量越低的淀粉糊的透明度越高。

（4）淀粉的糊化特性

淀粉糊化特性是反映淀粉质量的一个重要指标，糊化特性对面制品品质有重要作用，淀粉糊化峰值黏度对熟面条的外观、质地（主要是黏弹性）和口感均有显著的正向作用，但是它不适于高速度搅拌。肖新龙（2013）使用 RVA 快速黏度仪测定了青稞淀粉糊黏度特性。如表 4-4 所示，参试青稞淀粉的糊化温度平均为（58.05±11.70）℃、峰值黏度为（272.55±18.93）BU、峰值时间为（6.58 ± 0.16）min、低谷黏度为（213.06 ± 17.66）BU、最终黏度为（286.39 ± 38.50）BU、衰减值为（63.57±14.90）BU、回生值为（80.06±21.85）BU，其中糊化温度、衰减值和回生值的变异系数较大，分别为 20.15%、23.44%、27.29%。同一测定条件下，玉米淀粉的糊化温度为（55.80±5.66）℃、峰值黏度为（250.29±8.30）BU、峰值时间为（5.30±0.05）min、低谷黏度为（158.17±3.06）BU、最终黏度为（229.58±9.31）BU、回生值为（71.42±6.25）BU、衰减值为（92.13±5.24）BU。北青 6 号淀粉的峰值黏度、最终黏度、回生值较大，糊化温度最低；喜拉 19 淀粉的峰值黏度和衰减值最低。淀粉糊化性质受直链淀粉含量、脂类物质含量，以及支链淀粉侧链长度的影响，支链淀粉有利于淀粉颗粒的膨胀，直链淀粉和脂类则抑制淀粉颗粒膨胀并维持淀粉颗粒的完整性。北青 6 号淀粉的糊化温度低、峰值黏度高，可能与其直链淀粉含量较低、直链淀粉-脂肪复合物含量少有关。直链淀粉含量与峰值黏度和衰减值成负相关（Vandeputte et al.,

2003），上面研究结论与其相反，7 个参试青稞品种中，喜拉 19 的直链淀粉含量最低，其峰值黏度和衰减值也最小，这可能与其直链淀粉-脂肪复合物的存在有关。支链淀粉分子的侧链聚合度 DP6-12 占有的比例越高，淀粉糊表现出低糊化温度、低峰值黏度、高衰减值，这是因为短侧链不能强有力地保持膨胀淀粉颗粒的完整性，喜拉 19 淀粉糊黏度特性可能与其有关。淀粉糊在冷却过程中，直链淀粉分子迅速聚集，形成的结合位点多少与回生值和最终黏度有关，北青 6 号的直链淀粉含量最高，表现出较高的回生值和最终黏度，喜拉 19 则表现出较低的回生值和最终黏度。回生值可衡量冷却过程中膨胀的直链淀粉分子重新聚合的程度，也常作为评价淀粉凝胶能力、老化程度的指标。回生值越大，即降温时黏度升高得越快，淀粉糊在降温时易于老化，凝胶性强。肖新龙（2013）的研究中，北青 6 号的回生值最大、喜拉 19 的回生值最小，表明北青 6 号淀粉的凝胶形成能力较强，抗老化能力较弱，喜拉 19 则相反。淀粉乳在加热过程中，低温时直链淀粉较先溢出，随着温度升高，淀粉颗粒开始膨胀，支链淀粉的双螺旋解旋，淀粉颗粒结晶结构被破坏，直链淀粉和支链淀粉均从淀粉颗粒中溶出。有研究表明（Tester et al.，1990），淀粉糊化受支链淀粉分子结构（结晶的完整度和分子排列的顺序、摩尔质量、分子侧链 DP5-12、分支化程度及其分散性）和颗粒结构（无定形区和结晶区的关联程度）的影响。参试的 7 个青稞淀粉，喜拉 19 的支链淀粉含量最高，但其峰值黏度、糊化温度、衰减值和回生值均较低，藏青 25 的支链淀粉含量最低，衰减值最大，其余指标无规律性。青稞淀粉的糊化性质是否与其支链淀粉分子的链长有关还有待进一步研究。

表 4-4　青稞淀粉糊化特性

品种	糊化温度（℃）	峰值黏度（BU）	峰值时间（min）	低谷黏度（BU）	最终黏度（BU）	衰减值（BU）	回生值（BU）
藏青 8 号	53.83	251.04	6.53	187.75	257.83	63.29	70.08
藏青 148	57.25	279.29	6.7	225	305.38	54.29	80.38
北青 6 号	50.25	303.38	6.47	237.04	360	66.33	122.96
藏青 25	54.13	264.67	6.43	191.67	270.42	73	78.75
昆仑 12 号	84.35	280.13	6.6	219.67	289.08	60.46	69.42
藏青 320	56.23	281.29	5.53	221.71	209.54	59.58	87.83
喜拉 19	50.33	248.08	6.8	208.58	269.39	39.5	60.71
平均值	58.05	272.55	6.58	213.06	286.39	63.57	80.06
变异系数（%）	20.15	6.94	2.43	8.29	13.44	23.44	27.29

（5）淀粉的热力学性质

肖新龙（2013）使用差示扫描量热仪对青稞淀粉进行了热力学性质的测定。热焓值是反映淀粉结晶状况的重要指标，与淀粉糊化的难易程度有关，可用 DSC 曲线中基线与热变化曲线之间所形成的面积来表示。由表 4-5 结果可以看出，起始温度（To）、峰值温度（Tp）、最终温度（Tc）在不同青稞品种淀粉间存在一定差异。参试青稞淀粉的 To 平均为（56.28±1.42）℃，Tp 平均为（59.48±1.48）℃，Tc 平均为（70.12±2.31）℃，ΔTr 平均为（13.84±2.05）℃，热焓值（ΔH）平均为（9.08±0.85）J/g，其中 ΔTr 和 ΔH 的变异系数较大，分别为 9.33%，14.79%。青稞淀粉的直链淀粉含量越高，相变起始温度越高。青稞淀粉的 ΔH 变幅为 7.74~11.54 J/g，北青 6 号淀粉的 ΔH 最大，其次为昆仑 12 号，淀粉的 ΔH 越大，则糊化所需能量越多，越难糊化；藏青 148 淀粉的 ΔH 最小，糊化所需的能量少，较易糊化。支链淀粉分子的侧分支链短链含量越多，包裹结晶区域则越少，淀粉的 Tc、Tp 和 ΔH 越低。肖新龙（2013）研究中（表 4-5），北青 6 号淀粉的相变 To 和 Tp 最高而喜拉 19 淀粉的最低，这可能与喜拉 19 支链淀粉分子侧链中短链分子含量较多有关。此外，淀粉的糊化还与直链淀粉含量及淀粉颗粒大小有关，小颗粒淀粉结构较紧密，糊化所需温度高，直链淀粉间结合的能力较强，相比低直链淀粉含量的淀粉其所需糊化温度也较高。ΔH 受直/支链淀粉比例、淀粉颗粒大小、结晶度大小的影响。藏青 25 淀粉的直支比、相对结晶度、颗粒体积平均粒径均较大，其 ΔH 与其他青稞淀粉相比较低，而藏青 148 则表现出 ΔH 最低，颗粒体积平均粒径较小的性质。ΔH 与淀粉颗粒组成、大小及相对结晶度的关系还不是很明确，有待于进一步研究。

表 4-5　青稞淀粉的热力学性质

品种	To（℃）	Tp（℃）	Tc（℃）	ΔTr（℃）	ΔH（J/g）
藏青 8 号	57.3	60.56	69.88	11.29	8.93
藏青 148	55.03	57.84	65.49	10.46	7.74
北青 6 号	58.47	61.54	71.86	13.39	9.82
藏青 25	57.02	60.79	70.69	13.67	9.03
昆仑 12 号	56.17	59.00	72.74	16.58	9.74
藏青 320	55.93	59.11	70.25	14.32	9.16
喜拉 19	54.07	57.51	69.92	15.85	9.16
平均值	56.28	59.48	70.12	13.84	9.08
变异系数（%）	2.52	2.49	3.30	9.33	14.79

刘娣等（2017）发现淀粉颗粒大小对青稞淀粉的热力学性质有一定的影响。由表 4-6 可知，小颗粒有更高的 To、Tp 和 Tc，但是 ΔH 却最低。一般来说，分子间缔合程度大，分子排列

紧密，拆散分子间的氢键、拆开微晶束要消耗更多外能，这样的淀粉粒糊化温度就高，反之则易于糊化。而青稞淀粉在同一淀粉中，淀粉粒大的糊化温度较低，而淀粉粒小的糊化温度较高。

表 4-6　颗粒大小对青稞淀粉热力学性质的影响

颗粒	To (℃)	Tp (℃)	Tc (℃)	ΔH (J/g)
原淀粉	54.18	59.35	65.37	11.28
大颗粒	54.3	58.96	63.45	11.58
中颗粒	54.34	59.13	64.29	11.5
小颗粒	56.49	60.17	66.09	10.79

（6）淀粉的凝胶特性

凝胶的黏弹性、强度等特性对凝胶体的加工、成型性能，以及淀粉质食品的口感、速食性能等都有较大影响。由淀粉凝胶形成的力学味觉与糖、无机盐、酸碱等所引起的化学味觉完全不同，它能使食品的黏弹性、硬度和粗糙感等发生变化。任欣等（2016）采用 TPA 模式测定了淀粉的凝胶特性，表 4-7 是青稞淀粉凝胶硬度、回弹性和黏聚性参数的测定结果。可以看出，这 5 种青稞淀粉凝胶的硬度没有显著性差异，硬度范围在 482.85～586.24 N；回弹性最大值为北青 3 号的 0.56，最小为昆仑 12 号的 0.36；黏聚性的范围在 0.40～0.53，并且肚里黄的回弹性显著小于其他几种青稞淀粉凝胶的回弹性。由数据分析可知，青稞淀粉凝胶特性一般，回弹性和黏聚性都不高。根据上面结果分析，昆仑 12 号的峰值黏度、崩溃值、最终黏度和胶凝值均为最低，肚里黄峰值黏度、崩溃值、最终黏度和谷黏度最高，回弹性适中。比较之下，昆仑 12 号易于糊化，不易老化，凝胶强度适中，因而其品质最适合用于诸如面条产品的青稞淀粉生产。相比较而言，青稞淀粉理化特性的研究目前较多，但关于淀粉品质特性的研究及其品质与加工制品的关系研究还未见报道。

表 4-7 颗粒大小对青稞淀粉热力学性质的影响

品种	硬度（N）	回弹性	黏聚性
藏青 320	517.05	0.46	0.53
昆仑 12 号	482.85	0.36	0.51
肚里黄	558.11	0.42	0.40
北青 3 号	532.83	0.56	0.52
北青 6 号	586.24	0.49	0.53

参考文献

刘娣，杨梦恬，沈淑民，等，2017. 青稞淀粉大、中、小颗粒淀粉的分级及颗粒糊化特性的相关性研究［J］. 农产品加工（19）：16-18.

任欣，孙沛然，闫淑琴，等，2016. 5 种青稞淀粉的理化性质比较［J］. 中国食品学报，16（7）：268-275.

夏雪娟，2018. 青稞全谷粉对高脂膳食大鼠胆固醇肝肠代谢的影响机制研究［D］. 重庆：西南大学.

肖新龙，2013. 青稞淀粉理化特性及其抗性淀粉制备研究［D］. 杨凌：西北农林科技大学.

杨希娟，党斌，徐菲，等，2017. 不同粒色青稞酚类化合物含量与抗氧化活性的差异及评价［J］. 中国粮油学报，32（9）：34-42.

郑学玲，张玉玉，张杰，2011. 青稞淀粉理化特性的研究［J］. 中国粮油学报，26（4）：30-36.

JIA Q，ZHU J，WANG J，et al.，2016. Genetic mapping

and molecular marker development for the gene *Pre2* controlling purple grains in barley [J]. Euphytica, 208 (2): 215-223.

TESTER R F, MORRISON W R, 1990. Swelling and gelatinization of cereal starches. I. Effects of amylopectin, amylose and lipids [J]. Cereal Chemistry, 67 (6): 551-557.

VANDEPUTTE G E, DERYCKE V, GEEROMS J, et al., 2003. Rice starches. Ⅱ. Structural aspects provide insight into swelling and pasting properties [J]. Journal of Cereal Science, 38 (1): 53-59.

第五章　青稞的加工与利用

5.1　传统青稞制品的加工

5.1.1　传统青稞加工制品的类型

青稞是青藏高原地区农牧民不可替代的优质主食之一，也是藏区饲料加工和酿造工业的重要原料。青稞的加工除了粮食制品外，还被广泛应用于酿酒工业，功能食品研发、饲料等方面（四郎拉姆，2020）。传统的青稞食品主要包括糌粑、青稞面条、青稞糕点和加工工艺相对简单的甜醪糟。尤其糌粑一直是藏族人民的主食，它具有营养丰富，口感优良、方便食用等诸多优点（邓鹏等，2020）。青稞蛋白质含量适中，人体所需的矿物质、氨基酸、维生素含量都相当丰富，它也是一种可以用于酿酒的好原料。青稞酒已有1万多年的悠久历史（Gous et al.，2017），青稞酒品类丰富，包括青稞白酒、青稞干红葡萄酒、青稞啤酒和青稞营养酒。此外青稞还是畜牧业的重要饲料，其在饲料工业中的引用形式包括：用青稞酒加工的副产物——酒糟生产高蛋白和高赖氨酸饲料（张文会，2014）；用青稞籽粒作为精饲料；用青稞秸秆作为饲草。近年来，随着青稞功能性营养开发研究利用和青稞食品加工业规模的逐步发展，青稞食品资源的综合加工开发利用逐步呈现多样化、系列化的趋势。

5.1.2 传统青稞面制品的种类

（1）糌粑

糌粑是由青稞籽粒通过除杂、清洗、晾干、翻炒、磨粉及加工包装等一系列工艺过程所最终制成的粉状食品，也被称为青稞炒面。糌粑是藏族人民每日必吃的主食，其中含有较为丰富的蛋白质、纤维素和维生素，脂肪和还原糖含量相对较低，微量元素种类极为丰富，能大大促进肠道代谢，降低人体胆固醇水平，增强人体免疫功能（Threapleton et al.，2013）。它的优点在于不仅食用方便，营养成分丰富、热量高，适合充饥御寒，还十分便于携带和贮藏。

（2）青稞面

青稞面是通过添加不同配比的青稞粉、使用不同种类的添加剂及配合不同的加工工艺制成，也是藏区人民的传统主食。青稞面具有良好的保健养生作用，食用后能增强体质并增强细胞的吞噬能力，提高人体抵抗疾病的能力（Pereira et al.，2004）。青稞面还富含膳食纤维和葡聚糖，可以清除肠道里的毒素，有利于肠道排毒，并能很好地预防高血脂、高血糖、高胆固醇等疾病（任娟等，2015）。

5.1.3 传统糌粑

（1）传统糌粑的加工

糌粑作为一种具有高原生态背景和文化特色的藏族人民传统的主食，具有热量高、营养丰富、酥软香甜、抗旱耐饥、携带方便、易于保存和制作等优点，深受广大高寒地区农牧民喜爱。糌粑的加工步骤，以西藏地区为例，第一步操作是将青稞原料进行简单清理、除杂。青稞原料含有的主要杂质包括霉瘪麦粒、其他野生植物籽、杂草、石子、泥土等，在上述除杂工序中，一般采用一些小的比重去石机、磁性除铁装置或人工去除原料表面中可能夹杂的一些主要杂质。第二步是先用水将青稞籽粒进行直接的清洗、润麦。经水浸洗过的青稞籽粒，炒制后更加酥脆，爆腰率更高，色泽也较好，不易产生外焦内生的现象。第三步是去皮将青稞籽粒进行翻炒。目前，企业采用的炒制设备可在230~240℃高温状态下对青稞进行爆炒加工；而传统的人工炒制工艺则是将适量青稞籽粒盛放在装有细沙的炒锅内，当沙子温度升高到一定程度，青稞的爆腰率可高达90%以上时，用筛子可以将青稞与沙子进行快速分离。第四步是冷却，将翻炒后的青稞摊放晾凉至室温。第五步是碾磨成粉。第六步是杀菌包装。糌粑在新疆蒙古族中被称为“塔勒哈”，其制作过程与西藏等地相似，只是多添加了玉米和大麦等粗粮，与青稞一同加工制成了糌粑。

（2）糌粑制品存在的食用品质问题及改善措施

糌粑是藏民族千百年来代代相传留下的一项民间的传统主食，营养成分非常全面及丰富，且食用方便、抗饥耐寒，也是藏族长期繁衍生存的必需基本食品，近年来，虽然藏区糌粑的企业在政府资金的扶持下有了一定程度的发展，但是由于受生产成本高、加工制造方式保守落后、产品质量参差不齐、技术含量水平较低、产品附加值较低、包装简陋、生产的环境安全与生产卫生管理状况差、管理措施较为粗放、品牌意识相对淡薄、宣传及推广的营销力度不够等多重因素叠加的影响，使得我国青藏高原糌粑产业与全国其他地区的粮食产业相比，仍然比较落后。从资金、环境、人员，到新技术的引入、新产品的开发与推广等方面的发展都受到严重制约，未能逐步建立形成科学化、规范化、先进化的产品现代技术管理、生产营销体制建设和企业品牌与营销体系运作等体系，生产规模也较难继续扩大，产品对外的销售渠道也十分有限。

另外，对于目前生产过程中潜在的产品质量风险，也鲜有企业引起重视。糌粑产品其本身含有的水分约占6%，若将糌粑存放在温度和湿度均较高的环境时，极易吸潮结块，从而为一些微生物的生长提供了非常适宜的环境，使其受潮变质甚至产生了异味，最终影响产品自身的优良品质。

糌粑在生产过程中还易造成磁性金属物、含砂量、重金属等指标超标的现象，糌粑产品质量与安全监督管理水平有待全面提高。急需食品生产销售企业引入更加严谨和科学化的管理体系，如：危害分析和关键控制点（HACCP）管理体系，严格控制糌粑生产过程中的关键控制点（CCP），避免任何可能会出现的危害因素，确保产品质量安全。

糌粑的生产中，糌粑粉是将青稞全籽粒直接炒制后磨粉而成。由于青稞中的不饱和脂肪酸占脂肪酸总量的60%以上，因此在炒制磨成粉过程中容易形成醛类、酮类、芳香族和醇类等风味物质，但这些风味化合物在贮藏过程中极易受环境因素、包装材料及微生物等的影响，易出现哈败味等不良气味，出现产品品质劣变、产品货架期缩短等问题。利用气调贮藏的方法在高温下充入二氧化碳能起到延缓青稞品质降低的作用，低温条件下能更好地保持青稞品质。另外采用铝箔的包装方式优于普通包装，能够明显地抑制其哈败味。

（3）糌粑加工存在的技术难点和问题

第一，原料质量问题。由于青稞没有统一的原料收购基地，需要从当地百姓手中直接收购青稞原料，所以就存在青稞多品种混杂、含杂率不一致的现象，从而导致了对糌粑的品质稳定性存在影响（贾湃湃等，2021）。第二，青稞爆腰率的问题。青稞在炒制过程中存在爆腰率不一致的现状，虽然现在的加工企业可以有效控制炒制温度和时间，但是很难精准控制温度，导致不同批次的炒制青稞爆腰率存在差异。由于不同企业使用的炒制设备不同，使得不同企业青稞爆腰率也存在差异，从而对糌粑品质的一致性产生影响。第三，存在含砂量和磁性金属物等含量超标现象。通过先前对西藏糌粑中的主要理化指标分析发现，西藏糌粑平均含砂量与磁性金属物平均含量远超过小麦粉标准中的最高限量。第四，贮藏期短的问题。

5.1.4　青稞酒

青稞酒具有悠久的酿造历史，起源于唐代，距今已有1 400多年的历史，青稞酒是藏族人民生活中必不可少的饮品，青稞酒是中国酒类中不可缺少的一员，并以其特有的高原特色和独特的风味日益受到消费者的青睐并享誉海内外。在对传统酿酒工艺传承的进程中，酿造生产工艺不断被探索创新，青稞酒种类也逐渐增多，主要是使用传统工艺酿造生产的青稞咂酒、青稞烤酒、青稞白酒、青稞保健型酒和以新工艺酿造的青稞黄酒、青稞清酒、青稞啤酒、青稞饮料酒等低度发酵酒。

由于青稞润料吸水膨胀较困难，经过润料和蒸煮处理后，也不容易短时蒸熟，特别是青稞中蛋白质含量高，窖内发酵后，易黏结成团，操作上十分不便，同时酒醅在发黏后酸度也会大幅度增加，影响了青稞酒的整体产量和质量。因此结合青稞特性和当地特有的地理气候自然环境，最终形成了具有独特风格的“清蒸四次清”工艺法，即清蒸原料、清蒸辅料、清茬发酵、清蒸馏酒。将青稞粗粉碎后，根据各茬次的发酵情况，控制酒醅酸度和水分含量，使酒醅在保持发酵材料松散和酒质稳定的前提下，通过多轮次发酵取尽淀粉。整体酿酒工艺遵循“养茬，保二茬，挤三茬、追回糟”的原则。

5.1.5　青稞饲料

青稞在谷物饲料中的地位仅次于玉米，其籽粒与玉米比，除热量略低外，蛋白质含量远远超过玉米。青稞氨基酸含量丰富，种类齐全，赖氨酸、色氨酸等 10 种氨基酸含量普遍高于玉米，矿物质和维生素的含量也远比玉米丰富，且消化率更高，是良好的饲料原料。青稞籽粒是良好的精饲料，在每 50 kg 的饲料中添加 15 kg 的青稞，可以提高牛羊肉的质量，改善肉质，提高瘦肉率，使肉质细致紧密，脂肪硬度提高。青稞平均消化率比国外大麦高 11. 1%，代谢能提高 1. 45%。此外，青稞秸秆中含有丰富的蛋白质，也是青贮饲料的重要原料（杨延玲等，2021）。

5. 1. 6 传统青稞食品加工业总体发展趋势

青稞作为区域性作物形成了区域性青稞食品类型的特点，如糌粑、甜醅等。长期以来，青稞一直作为粮食和饲用作物，青稞的食品加工也主要以传统、简单的初级加工为主，产业开发缓慢，加工促外销难度较大，效益低，青稞的加工产品开发还局限于传统食品、传统技术、传统市场的“三传统”内，限制了整个青稞产业的发展。但随着青稞功能营养学和食品加工业的发展，青稞的产业化迅速发展，青稞食品行业已从由简单青稞粗粉加工原料为主干的单一普通的食品加工模式逐步向原料精深加工的行业方向迈进，这已经形成必然的发展趋势。青稞食品的加工与利用也呈现出多样化和系列化的走向，在现代科技的催生下，青稞产品的深度开发加工利用不再局限于仅作为口粮，其还被广泛地应用于酿酒工业、各种大众化食品和保健食品的开发。

5. 2 现代青稞制品的加工

5. 2. 1 青稞加工制品种类

随着对青稞加工研究的不断深入，青稞被广泛加工成青稞米、麦片，或经膨化处理后，作为营养快餐与健康早餐食品，青稞粉也可以作为营养补充剂或功能性原料和小麦粉混合制作各种主食和糕点。目前市场上的青稞面粉产品主要包括青稞面条（Tuersuntuoheti et al.，2019）、青稞黄色碱性面条（Hatcher et al.，2005）、青稞馒头（Lin et al.，2012）和青稞意大利面。其中，青稞面条具有低脂肪、低糖的特点，是高血糖、高血脂人群的理想食品（Kuznesof et al.，2012）。小麦面粉制粉设备生产的青稞面粉与小麦粉混合制成蛋糕、饼干和松饼或用作食品增稠剂。青稞麸皮可以替代燕麦麸提取β-葡聚糖，用于生产高纤维食品和低能量烘焙食品（Ewards et al.，2015）。用青稞炒面制成的西藏传统小吃糌粑已经走向工业化，可以在国内外的超市中找到。青稞麦芽经过研磨粉碎和筛分，可生产富含不溶性纤维的麦芽麸和麦芽粉，可用于制成各种食品。青稞麦芽可用于生产麦芽片、粗麦芽粉和碎粒麦芽（Bhatty，1996）。几种麦芽大麦产品，如提取物、糖浆、固体或液体糖化麦芽，以及非糖化麦芽可在市场上买到，可以混合到各种发酵和非发酵食品中，以改善这些产品的颜色、酶活性、味道、甜度和营养品质。

5.2.2 常见青稞膨化食品

市场上常见的青稞膨化食品有青稞米棒、青稞麦饼、青稞锅巴、青稞爆米花、青稞米花糖等。青稞膨化食品主要利用挤压膨化技术进行工厂产业化生产。挤压膨化技术是一种集物料混合、剪切破碎、加热熟化及压力膨化成型于一体的食品加工技术（刘霭莎等，2019），常用于各种谷物原料粉的加工。青稞膨化食品主要经制粉、配料、挤压膨化、成型、包装等多种工艺流程加工制造而成，产品品质受原料粉配比、加水量、挤压成型温度、螺杆转速、喂料速度等工艺参数影响，因此在加工中，选择合适的工艺参数并建立标准的品质评价体系十分重要。

5.2.3 青稞麦片

目前市场上销售的青稞麦片大都以复合麦片类产品为主，对全麦青稞麦片产品开发尚且不足。市场上青稞麦片产品按风味可分为原味青稞麦片和调味青稞麦片，按加工技术可分为蒸煮青稞麦片和挤压青稞麦片，按食用方式可分为普通青稞麦片和速煮青稞麦片。

普通青稞麦片加工是将青稞籽粒经过清理、煮麦、润麦、烘麦、切粒、蒸麦、压片、干燥和包装后得到的一类产品。高温蒸煮是最常用的熟化工艺。通常，这种产品需要沸水冲泡 3~5 min 或煮制 1 min 后食用。速煮青稞麦片是将青稞籽粒进行切粒后再压片，可减小面积，缩短冲泡时间。挤压青稞麦片采用挤压技术进行青稞麦片熟化加工，挤压蒸煮加工温度高、糊化效果好、处理时间短、产品风味浓郁。原味青稞麦片是后期不调味直接包装的青稞麦片。调味青稞麦片压片后进行风味调配或添加矿物元素等进行风味和营养强化处理。速溶青稞麦片加工工艺与普通燕麦片差异较大，是将青稞籽粒与一定比例水混合后进行磨浆，通过淀粉液化、糖化处理后再干燥、调配、造粒、包装等工艺加工制备而成（司俊玲等，2020）。速溶青稞麦片溶解性好，风味浓郁，食用方便，也是市面上欢迎程度较高的一类产品。

5.2.4 青稞冲调粉（早餐粉）

目前市面上常见的青稞冲调粉（早餐粉）的加工方式有干法磨制技术、挤压膨化技术，以及喷雾干燥技术。

干法磨制技术是传统青稞冲调粉的主要加工手段，将一种或多种复合的全谷物原料浸泡（或者不浸泡）后进行高温炒制。原料炒熟至水分含量低于安全限值后，再冷却、粉碎、调配、包装后制成冲调粉成品。如市面上常见的炒黄豆粉、豌豆粉和鹰嘴豆粉等，均采用此加工方式。

随着食品加工技术不断发展，谷物冲调粉加工中也涌现出新的加工技术和设备，如挤压膨化技术和喷雾干燥技术。挤压膨化技术是在热能和机械能的共同作用下，连续地挤压、剪切、混合、蒸煮、物料塑性化的加工方式，具有高温、短时等特点。挤压改性能改善青稞粉的口感和蛋白消化率，是提高青稞粉营养价值的有效途径。喷雾干燥技术是利用一定浓度的液体物料经喷雾嘴变为细小雾滴，在热空气中进行热交换，物料被干燥为细粉（由于其表面积大，可在短时间内使水分挥发）的原理而开发的食品干燥技术。喷雾干燥具有操作简便、干燥效率高、产品均匀度高等诸多优点。这两种技术的高温作用赋予谷物原料更浓郁的风味和良好感官品质，大幅缩短熟化时间，挤压膨化技术的高压剪切作用同时赋予谷物蓬松的组织结构。

5.2.5　青稞饮料

青稞饮料是通过特定的现代食品加工工艺，做成可直接饮用的食品，不仅能够充分保留谷物中一些对人体健康有益的营养成分，而且口感更好，饮用时更方便，更容易吸收，符合现代生活快节奏和健康饮食的需求（Lahouar et al.，2017）。市面上最常见的产品类型有发酵饮料和非发酵饮料。

青稞发酵饮料主要有青稞益生菌饮料、青稞低酒精度饮料。青稞益生菌饮料是将优质青稞原料进行酶解糖化和液化后，用于益生菌生物发酵，制得的一种发酵型饮料，现在主要是用乳酸菌进行发酵；目前青稞低酒精度饮料主要是青稞格瓦斯，由乳酸菌与酵母菌进行复配发酵而制得，其工艺流程为：青稞原料预处理→液化→糖化→过滤→灭酶→接种→发酵→贮存熟化→过滤→灭菌→成品。以青稞为原料研制的非发酵饮料主要有青稞谷物蛋白饮料和青稞苗汁饮料。青稞谷物蛋白饮料又可分为单纯的青稞蛋白饮料及复合型谷物蛋白饮料，其主要工艺流程为：原料预处理→预煮制浆→调配→均质→罐装→杀菌→冷却→成品，目前已研发出青稞黄豆谷物蛋白饮料、青稞紫米复合饮料；青稞苗汁饮料是一种果蔬汁饮料，由植物苗的浸提液经加工而成，其主要工艺流程为：预处理→浸提→澄清与调配→过滤→杀菌→灌装，青稞苗汁中含有丰富的黄酮类物质和 SOD，具有抗氧化、清除自由基、抗癌等多重功效。

青稞饮料是以水为分散介质，碳水化合物、蛋白质为主要的分散体系，具有热力学不稳定性，长时间放置后容易出现分层、析水、沉淀、脂肪上浮等问题。为了解决这些问题，提高青稞饮料的稳定性，通常通过添加添加剂和乳化剂的方法保证饮料在货架期内拥有稳定的溶液状态，同时增强顺滑的口感；通过对乳液进行均质处理降低分散颗粒的大小，提高稳定性；通过酶解反应降低分子量改善淀粉的沉淀问题；调节青稞饮料的 pH 值，使其偏离蛋白质的等电点，减少蛋白质沉淀；通过加热、充分浸泡等其他途径让淀粉颗粒吸水充分膨胀和糊化，抑制淀粉老化，从而避免饮料体系的不稳定。

5.2.6 青稞米

青稞经去壳、脱皮清理后即为青稞米，可直接食用，没有糌粑等一些青稞制品粗糙的口感，有特殊的米香味，还有通便和降血糖、降血脂的作用，是近些年来新兴的一种青稞食品。与大米同煮同食，可补充大米缺乏的赖氨酸等，使大米营养得到强化（杜亚军等，2018）。青稞米工艺研究主要有发芽和去皮工艺。青稞发芽后蛋白质、淀粉、脂肪、纤维素、β-葡聚糖含量降低，有效赖氨酸含量有所提高（Irakli et al.，2020），可溶性糖、总酚、黄酮、γ-氨基丁酸含量大幅度增加（Idehen et al.，2017）。青稞发芽后其营养价值高于发芽前，但功效成分 β-葡聚糖含量降低。目前企业加工青稞米时脱皮较多，几乎除去了所有的外皮层和胚芽，为此对青稞制米工艺，将青稞润麦时加水量设为5%，然后剥皮四道。这四道剥皮不仅可以保证剥掉青稞中相对较多的麸皮，还可以防止过度剥皮的发生，所得麸皮中β-葡聚糖含量最高（王东，2014）。目前国内青稞米加工还处于小作坊式生产，规模化生产工艺还不太完善。

5.2.7　发芽青稞

青稞米置于适宜的温度、湿度和充足氧气条件下，能吸水膨胀萌发出芽。待长出适当长度芽体，干燥所得包括芽体和带皮层胚乳的制品称为发芽青稞米。发芽青稞米可以改善青稞的外观、质地、风味、口感及其营养价值。发芽处理会直接影响青稞中蛋白质的含量及蛋白酶的活性，提高青稞的营养品质、食用品质和消化性能；但发芽过程中也有些营养成分如β-葡聚糖和膳食纤维等会随着时间的延长而下降（Zhang et al.，2019）；还原糖含量会显著增加，即增加了香甜口感，改善了青稞杂粮本身不良风味；γ-氨基丁酸（GABA）是一种具有降血压、抗衰老、调节心血管疾病等多种药理功效的化合物（Ma et al.，2019），经过发芽处理可以提高青稞中GABA的含量；发芽青稞米的硬度也会有所增加，可用于脆性食品的加工（郝静等，2018）。青稞米通过发芽技术主要营养成分指标都发生了显著的变化，营养特性和加工特性都大幅度提升，对促进青稞产业化发展有着深远影响。

5.3　青稞制品的加工工艺

5.3.1　加工对原料品质特性的要求

众所周知，对于青稞的加工技术进行深入探究对于促进青稞产品多样化是必要的，但是青稞加工技术的具体过程较为复杂，因为青稞的形态特征、物理性质、化学特质因种类的不同而存在差异，因此不同的青稞加工产品需要选择具有不同品质特性的青稞原料。例如，淀粉特性对面条的外观、加工性能和感官品质有显著影响，尤其是直链淀粉的含量，直链淀粉含量越高，面条品质越差，直链淀粉含量越低，面条的软度、光滑度、口感更好，适用于面食加工（Bun et al.，2015）。而对于青稞酒，青稞的淀粉和 β-葡聚糖的含量会影响青稞酒的品质，总淀粉含量较高，且支链淀粉占比高、β-葡聚糖含量较低的青稞原料更适合酿酒（邓鹏等，2020）。有研究表明，西藏、四川地区的青稞适合青稞酿造，而甘肃地区的青稞 β-葡聚糖含量高、总淀粉含量高不太适用于加工酒，反而可用于生产食用青稞（金玮鋆等，2018）。

5.3.2 原料的清洁化处理

青藏高原地区的工业化程度不高，在收获过程中，青稞中可能混入杂质，包括谷物颗粒、杂草和其他外来物（石头、谷壳和尘土）等，会对青稞的后续加工和产品质量产生不利影响，必须使所生产出来的青稞粉微生物含量和卫生指标达到标准要求。清理青稞的目的主要是除去混入青稞的各种杂质，所以青稞粉的青稞清理工艺与小麦粉生产过程中小麦的清理工艺类似，可以采用小麦的清理设备来完成，比如磁选器、重力分级机和筛理设备。磁选器主要用于清除青稞中的金属类杂质，防止后续制粉过程磨辊的损坏。干瘪籽粒、谷壳和灰尘通过风选进行分离，用以改善青稞的出粉率和品质。去石机是用来除去和青稞籽粒大小相同的石头，而重力分级机能有效地分离出大小相似但密度不同的杂质。青稞籽粒表层的灰尘仅仅通过筛分不易去除，常采用刷麦机重复清理。

5.3.3 青稞原料的稳定化预处理

青稞贮藏过程中伴随着一系列生化变化，导致青稞品质变差。而一般来说，谷物中最不稳定的成分是脂质，贮藏过程中发生的脂质降解是青稞贮藏期间功能性丧失的主要原因。青稞中的酶主要分布在麸皮和胚芽，且其在制粉过程中也很难与青稞粉完全分离，会导致青稞在贮藏过程中迅速变质，引发脂质氧化和水解。一般来说，青稞中的脂质通过水解酸败开始分解，然后氧化酸败，这些反应可以通过酶促和非酶促途径发生。青稞的水解酸败是通过脂肪酶的作用进行的，脂肪酶是一种作用于甘油三酯键的水解酶，将其最终分解为游离脂肪酸（FFA）和甘油。青稞水解酸败会导致青稞的感官品质和功能特性的下降。同时脂质也可通过酶或者通过自氧化被氧化，虽然氧化速率要低于脂质水解，但会导致青稞面粉和青稞产品的营养质量和消费者接受度下降。随着酸败的开始，风味变差，营养物质分解增加，例如脂肪氧化酶活性会导致类胡萝卜素（Leenhardt et al.，2006）和维生素 E（Lehtinen et al.，2003）的大量损失。为了控制青稞品质，必须灭活相关酶。

5.3.4 青稞稳定化热处理的手段

热处理利用高温破坏酶的高级结构，导致酶活性降低甚至失活，是谷物常用的稳定化处理方法（刘胜强等，2016），方式包括热量传导、对流和辐射。传导和对流的方式主要有炒制、烘烤、热风、蒸汽；热辐射的方式包括微波和红外等。炒制处理作为一种较为传统的热处理方法，操作简单，设备成本较低，但加热时间长，对谷物籽粒结构破坏严重；微波技术的加热机制是将电磁能转化为热能，它结合了热效应和辐射效应，均匀快速地加热食品基质，有效缩短加工时间（Adebowale et al.，2020）；过热蒸汽处理（SST）作为一种新型的热稳定技术，在加热时将对流干燥室中的热空气替换为过热蒸汽，所以，在相同压力下，过热蒸汽的温度更高，焓值更低，比饱和蒸汽或热空气的加热效率更高（Chang et al.，2015）。其次，过热蒸汽处理创造一个无氧环境，显著降低样品在处理过程中发生的氧化降解。与传统加热相比，红外处理具有加热均匀、加热时间短、质量损失小、能耗低等重要优势。它也是阻止 FFA 发展的快速有效的工具。这几种处理均已应用于青稞的脂酶的灭活。

（1）红外加热稳定化处理青稞的技术原理与核心工艺

红外射线是一种波长为 1.8~3.4 μm 的红外电磁辐射，可以传递热能（Zheng et al.，1998）。在红外线加热中，热量由红外线发射器的电磁辐射提供，加热器发出的红外线能量穿过空气并被食物吸收，然后通过分子相互作用转化为热量。热量通过传导从表面传递到内部。红外辐射可分为 3 个区域：近红外（NIR）、中红外（MIR）和远红外（FIR），对应的光谱范围分别为 0.75~1.4 μm、1.4~3 μm 和 3~1 000 μm。一般来说，红外加热技术在食品加工行业中应用主要以远红外辐射为主，因为大部分食品的组分其吸收红外辐射的范围主要集中在远红外波段上。红外加热在食品加工中的优势包括：①与传统加热相比，加热响应快，减少了加工时间和能源成本；②均匀加热；③红外加热器外部的散热量最小。然而，需要适当的加热控制以避免由于加热速率而引起的过热。红外线加热可以有效地用于酶的灭活，且与传统的灭酶工艺相比，不会影响青稞本身的品质。

（2）微波加热稳定化处理青稞的技术原理与核心工艺

近年来，微波加热已被广泛用于食品的连续热加工。微波是电磁波谱中 300 MHz 至 300 GHz 频带内的非电离辐射波。其加热机理是：当微波穿透食物内部时，电磁场会与物料的化学成分相互作用，并由于分子摩擦导致物料内的水升温。同时，微波加热导致物料内部产生的水蒸气会产生压力梯度，促使蒸汽向外移动，从而可以快速去除物料中的水分。这种由水分子之间的摩擦力引起的由内而外的加热是微波加热最关键的特性，它具有许多优点，如选择性加热、更短的启动和加工时间、更低的能耗、处理过程中温度的快速升高而避免物料出现表面过热现象、过程更易控制，以及具有更高的加热效率，对谷物品质的影响较小。微波处理使酯酶灭活，包括脂肪酶、过氧化物酶、脂氧合酶等，减缓脂质氧化程度，可显著减少贮藏过程中游离脂肪酸的产生，从而使青稞贮藏稳定性提高。研究发现，微波中高火处理的效果明显优于微波低火和中火，当微波中高火处理 1 min 时，灭酶率达到了 49.34%，当中高火处理 3 min 时，灭酶率达到了 83.91%，但随着处理时间的延长，酶活性降低速度渐缓。因此，微波灭酶的最佳参数为中高火处理 3 min（刘小娇等，2021）。

（3）过热蒸汽稳定化处理青稞的技术原理与核心工艺

过热蒸汽处理（SST）是一种新兴的谷物热处理方法，通过对饱和蒸汽加热而产生一种高于饱和温度的水蒸气，使蒸汽温度在一定压力下高于相应的沸点或饱和点，一般是 120~400℃，使用 SST 处理食品原料具有无氧性、热效率高、钝酶速率快、受热均匀、营养流失少等优点。在典型的过热蒸汽装置中，来自蒸汽发生器的饱和蒸汽在加热器中加热并变成过热蒸汽，然后将其引入干燥室，在其中放置要干燥的物料。对流干燥室中使用过热蒸汽代替热空气、燃烧或烟道气作为介质为干燥提供热量并带走蒸发的水分。SST 具有高焓，因此可以在加工过程中将热能传递给物料。SST 的温度下降不会导致饱和蒸汽处理通常发生的冷凝，只要在相同压力下 SST 的温度均高于其饱和温度。此外，SST 过程可为物料提供无氧环境，有效抑制脂质氧化。过热蒸汽温度和处理时间对灭酶效果的影响很大，随着温度或时间的增加，灭酶率逐渐提升，当灭酶率达到 70%以上时，随着时间的继续增加，酶活性降低得很缓慢。对于脂肪氧化酶，过热蒸汽的最佳灭酶参数为 210℃处理 1 min（Baik，2014）。

5.3.5 青稞加工中的挤压技术应用及优势

挤压工艺是一种适应性强、生产率高、成本效益高且能效较高的技术，能够生产出独特的产品形状和高质量的产品。挤压一般使用单螺杆或双螺杆挤出机，通常会导致青稞（包含青稞在内所有用挤压工艺的物质）的物理化学特性发生变化，包括理化特性、能量和营养物质的消化率。食品挤压加工是一个较为复杂的过程，涉及的流程包括混合、机械剪切、加热和加压。根据处理强度，可分为常规冷挤压（通常在 25～45℃）和热塑性挤压（挤压蒸煮/膨化）。对于青稞挤压加工，一般通过与足够的水混合后，输送到挤压机筒，湿润的样品通过单/双旋转螺杆从进料斗逐渐输送到模具。在此过程中，随着螺纹深度的减小，样品变得更加紧密、具有黏性和塑性，最终形成符合所需形状的挤出物。挤压之后青稞会出现褐变和膨化现象，挤压后的青稞粉会出现海绵状的孔隙结构，相对于未挤压的青稞粉，挤压后青稞粉的糊化特性得到改良，同时消化率也有所提高。挤压改善了青稞产品硬而缺乏弹性的问题，使青稞饮品品质提升，降低饮料的沉淀率，提高稳定性，赋予其浓郁的麦香味。

青稞虽然营养丰富，但由于自身缺少谷蛋白和其他黏性蛋白质，其面筋含量很低，因而制成的青稞产品往往较硬，缺乏弹性，适口性差（胡玉华等，2014）。这些因素限制了青稞在食品工业中的应用。挤压加工技术的应用优化了青稞产品加工工艺，缩短了工艺过程，丰富了谷物食品的品种，更重要的是改善了产品组织状态和口感，提高了产品的整体质量。我国青稞加工业深加工产品通常采用挤压改性、营养复配等方法，对产品进行品质调控和营养健康优化，生产方便主食品，完善青稞“多元化”

产业体系。研究表明挤压会导致大麦粉聚合物成分如淀粉、蛋白质、β-*D*-葡聚糖和阿拉伯木聚糖的性质发生变化（例如，溶解度和黏度增加、聚合物侧链断裂、部分或全部淀粉糊化、蛋白质变性，以及直链淀粉-脂肪复合物），它可以增强其在谷物技术中的适用性（Honců et al.，2016）。产品的颜色、风味，以及形状和质地会由于挤压而产生变化。此外，膳食纤维组分的摩尔质量会发生改变，但由于物料在挤出机中停留时间较短，维生素和氨基酸的损失相对较低。

5.3.6　青稞粉的生产工艺

青稞制粉工艺的目的是将净麦经过一定程度的碾磨，粉碎成一定粒度的粉状物质，与小麦粉和米粉的制备方式类似，一般包括研磨和筛理 2 个过程。磨粉机通过一定的剪切和挤压作用，将青稞破碎成不同的粒度，再通过筛理和分道研磨，得到所需粒度的青稞粉。在藏区，青稞制粉前一般先经过熟化处理，然后采用水磨或石磨进行制粉，然而近年来，食品开始向多样化发展，多种多样的青稞产品在市面上出现，青稞生粉的需求量持续升高，传统的制粉方式比如水磨、石磨、锤式磨和针式磨等，已不能满足市场需求。相比传统的磨粉方式，借鉴小麦的辊式制粉工艺提高了青稞粉的清洁度、产量，也改善了青稞粉的粒径分布（Bhatty，1996）。研究发现使用粉碎法制得的青稞粉具有较高的吸水率、较高黏度及较低的营养成分损失率，并且工艺较为简单，更有利于物料的破碎，能满足食品的制作要求，可以提高食品的营养保健价值。而研磨法制取的面粉加工精度更高，但缺点是营养成分损失较大。两种制粉方式均不影响面团稳定时间（郭祯祥等，2001）。

青稞粉的制粉工艺分为直接加工和研磨回添加工 2 种。直接加工又称为全籽粒研磨加工，是指经清洗、除杂的整粒青稞粒经过（或不经过）热处理加工后，粉碎成粉得到皮粉、心粉、细麸和麦麸 4 种成分，并将其进行混合后直接制成包含籽粒麸皮、胚乳和胚芽中所有组分的青稞全粉产品（任嘉嘉等，2014）。研磨回添法是指仍然按照传统方法加工制备青稞粉，同时将回路上的麸皮和胚芽进行收集、稳定化处理与研磨加工，对加工后的麸皮、胚芽和含皮粉、心粉的青稞粉充分混合，获得青稞全粉。各道研磨的青稞面粉可以根据不同的要求分别输送到 2 个输送设备（甘济升等，2016），通过在输送机上的调节拨斗来调节青稞面的出品比例和加工精度，前道灰分低、较白，后道灰分高、含表皮量较大，但其香味更独特（张龑等，2021），应根据不同的市场需求（青海大宋丰通粮食有限公司，2020a）灵活调整。

5.3.7 青稞醪糟的加工工艺

醪糟发展历史悠久，是我国的传统发酵粮食制品，一直以来都作为药食两用，被用于多种中药剂。传统的醪糟是以大米或糯米为原料，经原料前处理、蒸煮、加酒曲、糖化、发酵制成的。醪糟制作工艺简单，营养物质丰富，酒精度低，风味清甜醇美，是一种深受人们喜爱的营养保健食品。随着食品工业的发展，醪糟的制作种类与工艺不断丰富优化，极大地促进了醪糟行业的发展。青稞醪糟的加工与传统的醪糟加工相似，其工艺流程为：原料挑选→浸泡→洗麦→淋麦→蒸煮→降温→加曲→糖化发酵→终止发酵→调配→杀菌→成品醪糟。原料挑选时要选择饱满的青稞籽粒，青稞淀粉含量高，浸泡时间最好为 6~8 h，使籽粒中淀粉充分吸水膨胀，以保证蒸煮时淀粉的糊化。蒸煮时间为 15~30 min，要保证青稞籽粒透而不烂，内部均匀一致。降温至 30~35℃，将曲均匀拌入，添加量为原料量的 0.5%~2%。拌曲后将原料落缸搭窝进行糖化发酵，发酵温度为 27~36℃，发酵时间为

24~60 h，发酵终止要求酸甜适度，籽粒完整。调配合适的风味后进行封装杀菌，即得青稞醪糟成品。

5.3.8　青稞饼干的加工工艺

青稞饼干的制作工艺流程为：原辅料前处理→面团调制→静置→辊轧→成型→焙烤→冷却→成品。具体工艺要点如下。

（1）配方

以 100 g 青稞面粉为基准（质量分数 100%），水 20 mL（20%）、起酥油 20 g（20%）、色拉油 4 mL（4%）、白砂糖 15 g（15%）、鸡蛋 10 g（10%）、泡打粉 1 g（1%）、小苏打 1 g（1%）、食用盐 1 g（1%）。

（2）原辅料前处理

将备好的青稞面粉、白砂糖、食盐过 100 目筛 1~2 次，避免因原辅料粒度不均匀在成品中出现砂糖或食用盐颗粒。

（3）面团调制

先将水、鸡蛋、白砂糖、油混匀乳化，最后加入与泡打粉和小苏打混合好的青稞面粉，和成面团，静置 5~10 min。

（4）辊轧成型

用压面机将面团压成片状，调整压辊距离，压制成厚 2.5~3 mm 的面片，用饼干印模均匀分割成型。

（5）焙烤

将烤箱预热至面火温度为 150~190℃，底火温度为 150~200℃。将烤盘底部刷少量食用油，防止饼干粘盘，将成型好的面片放入预热好的烤箱中烘烤 12~15 min，在饼干边缘微黄时取出（10 min 左右），在饼干上刷一层油，继续烘烤 2~3 min，烤至饼干呈棕黄色即可。

5.3.9 青稞茶的加工工艺

目前加工制成的青稞茶主要分为2种：一种是由青稞籽粒直接处理加工而成；另一种是将青稞籽粒与其他原料复配加工制成。由青稞籽粒直接加工成的青稞茶工艺流程为：青稞籽粒挑选淘洗→一次干燥→粉碎→筛分→加水调和→蒸煮→成型→二次干燥→焙炒→冷却→包装→成品。工艺要点如下。①挑选淘洗：挑选籽粒饱满的青稞，用清水进行淘洗，去掉其中的空壳杂物及不饱满的籽粒，淘洗2~3次至水清澈。②将淘洗好的青稞籽粒于40~50℃下干燥至表面无自由水分。经粉碎、筛分后将青稞粉加适量水调和，蒸煮成型后二次干燥。③干燥后进行分段式炒制，以使青稞茶增香上色、提高其可冲泡性。第一阶段炒制工艺为140~150℃，15~20 min；第二阶段为170~180℃，20~25 min；第三阶段为190~200℃，5~10 min。

将青稞籽粒与其他原料复配加工制成的青稞茶能够兼具各原料的功效成分，同时可以改善茶的风味，其工艺流程为：青稞籽粒淘洗→干燥→焙炒→粉碎→复配→浸泡→干燥→烘烤→冷却→包装→成品。通过复配，在原有青稞茶香的基础上，添加其他风味的茶元素，有利于增进茶制品的营养价值与风味特色，是未来青稞茶的研发趋势（卢志超等，2018）。

5.3.10 青稞酵素的加工工艺

酵素是以一种或多种新鲜谷物、果蔬、菌类、中草药等为原料，经多种有益菌发酵而成，富含酶、维生素、矿物质及次生代谢物等功能营养成分的微生物发酵型产品。近年来，酵素产品因其有益功效深深吸引了消费者，而目前以青稞为原料的酵素产品相对较少，因此，开发以青稞为原料的酵素产品具有一定的市场价值。青稞酵素的工艺流程为：青稞→洗涤浸泡→

磨浆→蒸料→冷却接种→发酵→喷雾→干燥→压片。工艺要点主要如下。

（1）原料前处理

选择品种优良、麦粒饱满、硬度适中的青稞籽粒，筛选除杂。

（2）浸泡

用循环水冲洗干净，将洗净的青稞籽粒用 2 倍质量的无菌水浸泡 4~5 h，至青稞吸水膨胀率为 50%~60%，捞出备用。

（3）磨浆

将浸泡后的青稞籽粒与同质量的无菌水过胶体磨，磨浆后过 90 目筛得到青稞浆料。

（4）蒸料

将青稞浆料于一定温度下高压蒸煮 30~40 min。

（5）冷却

将蒸料后的青稞浆料冷却至 20℃，得青稞料液。

（6）发酵

在冷却后的青稞料液中加入其质量 5.0%乳酸菌种子液（种子液含菌数 1×10^6 CFU/mL），静置厌氧发酵 6 d 至发酵液 pH 值为 4.0，得到前发酵液。向前发酵液中加入一定量的红曲霉菌种子液（种子液含菌数 1×10^6 CFU/mL），在一定的温度振荡频率下继续发酵，发酵 8 d 至发酵液黏度为 4 500~5 000 cP，发酵结束。

（7）喷雾干燥

将发酵液置于喷雾干燥设备中进行喷雾干燥。

（8）压片

将干燥后的青稞酵素在压片机中按 0.5 g 每片进行压片（刘延岭等，2021）。

5.3.11 青稞面条的加工工艺

面条是我国主食类的一种，历史悠久，其品类与加工方式越来越多。青稞因面筋蛋白含量低、支链淀粉含量高，麦胶蛋白和麦谷蛋白比例不协调，使得其延展性和弹韧性极差，这些特点导致了青稞的加工特性差、产品口感粗糙，不能像小麦面粉那样加工成延展性强、弹韧性强、面筋网络蛋白结构完整，且口感好的面食产品。因此，在加工中，常需要将一定量的添加剂加入青稞的混合粉中，才能生产出青稞面条、青稞面包等青稞面食产品。淀粉特性对面条的外观、加工性能和感官品质也有重要影响，直链淀粉含量低时，面条的软度、光滑度、口感较好，更适合面食加工。青稞面条是较为常见的青稞面制品，主要分为青稞挂面和青稞鲜湿面，其加工工艺如下。

（1）青稞挂面

配料→混匀→和面→静置醒发→轧片→切条→干燥→成品青稞挂面。配料比例为青稞原粉、青稞挤压粉、小麦粉质量比 1∶1∶3，预干燥阶段温度 25℃，时间 40 min；主干燥阶段为温度 45℃，时间 140 min；末干燥阶段为温度 30℃，时间 60 min。

（2）青稞鲜湿面

配料→混匀→和面→静置醒发→轧片→切条→成品青稞鲜湿面。配料比例为青稞原粉、青稞挤压粉、小麦粉质量比 1∶1∶3，切条厚度为 1 mm，宽度为 1.5 mm（方圆等，2021；青海大宋丰通粮食有限公司，2020b）。

5.3.12 青稞米的关键加工要点

青稞米的加工工艺流程（谢文军，2009）：青稞原粮选择→清理→计量→磁选→缓冲仓→垄谷→谷壳分离→碾米→抛光→色选→计量包装→青稞米。关键工艺操作要点如下。

（1）原粮选择

去石去杂，去除虫蛀、霉变、异色粒，未成熟粒，无胚粒、不完整粒等。

（2）青稞清理

主要包括初清、筛选、风选、去石等阶段，该工序的作用是利用初清筛、振动筛、去石机等设备及规范的操作方法，将混入稻谷中的杂质及物理危害除去，确保净谷进入下道工序，并保证成品青稞米中不含杂质或将其降低到可接受水平。因此，清理应为青稞米加工的第二个关键控制点。

（3）磁选

在青稞米加工过程中贯穿于始终，进一步清除金属杂质以及在加工过程中设备运行中可能脱落的金属零件或金属碎片等，确保成品青稞米不含金属杂质。

（4）砻谷、谷壳分离

青稞经过清理后，脱去颖壳的工序称为砻谷，采用的设备为砻谷机。砻谷是根据青稞籽粒结构的特点，对其施加一定的机械力破坏青稞外壳而使其脱离青稞米的过程。

（5）计量包装

成品青稞米用真空包装或充二氧化碳、氮气等包装，同时考虑到平日食用量不大所以以小包装（1 kg、2 kg、5 kg）为宜，保质期不宜超过 3 个月。

5.3.13　发芽青稞的关键加工要点

发芽青稞的制备工艺（卓玛次力，2018）：筛选→精选→液洗→消毒→水洗→发芽→培养→干燥。关键工艺操作要点如下。

（1）人工精筛

去除虫蛀、霉变、异色粒，未成熟粒，无胚粒、不完整粒及石头等。

（2）清洗与消毒

挑选出来的青稞糙米用自来水冲洗至少 3 次，去除米粒表面的糠粉和灰尘等杂质。沥干，然后用质量分数 1%的次氯酸钠溶液没过青稞米，浸泡消毒 5 min。目的在于对青稞米表面进行消毒，防止发芽过程中微生物的滋生。最后，用蒸馏水冲洗青稞 4~5 遍，直到闻不到氯气的刺鼻味道。

（3）浸泡发芽

将青稞米用不同温度的蒸馏水进行浸泡处理，控制好温度和时间，浸泡水刚好没过青稞米。浸泡一定时间后将青稞米取出来平铺在消毒过后的搪瓷盘中，将纱布灭菌，然后盖 3 层，使青稞米在湿度为 95%的恒温恒湿培养箱中发芽，期间控制好发芽时间和发芽温度。芽长控制在 0.5~1.0 mm。

（4）干燥

青稞米发芽后取出来平铺在干燥的纱布上吸水，称重，置于 40℃烘箱干燥约 2 h，取出来后在干燥器中静置至室温，称重，最后用密封袋封装。

5.4 青稞全谷制品及品质改良

5.4.1 青稞全谷制品种类

（1）预拌粉

把青稞及其他谷物的粉状原料合理搭配，不仅可以为人们提供丰富的营养价值，也在很大程度上缩短了制作时间。预拌粉有很多种类，如馒头预拌粉、面条预拌粉、蛋糕预拌粉、煎炸预拌粉等，可适用于蒸煮油炸等一系列制品。

（2）烘焙产品

目前市场上，我们能看到一些全谷物烘焙产品，其中就有青稞面包。虽然青稞全谷物面包因其营养价值逐渐被消费者认可，但依然有些问题尚待解决，比如并不能很好地形成面筋结构，麸皮和胚芽也会影响面筋的形成，尽管添加麸皮会增加最终产品的营养特性，但会形成比较粗糙的质构，影响面包的口感。

（3）面条、馒头等传统主食

将青稞全谷物与面条、馒头等传统主食结合起来，能够使其具有一定的营养和保健功能（范志红，2017）。尽管面条、馒头等面制主食相关技术已经逐渐成熟，但在面条、馒头中加入青稞全谷物制成特色杂粮产品依旧存在一些问题。首先，需要解决的就是口感问题，因为全谷物食品口感都较为粗糙，作为日常食用的主食，许多消费者更能接受细腻柔软的产品。其次，就是面筋形成问题，青稞中含有大量的纤维素等成分，使得面筋网络结构的稳定性变差，面团的持气能力降低，进而使得产品的径高和比容较小，口感粗糙。因此优化加工工艺及使用有效的改良剂对改善青稞全谷物食品至关重要。

（4）冲调型青稞全谷物食品

在谷物冲调粉行业高速发展的过程中，越来越多的消费者关注到其营养保健的功效，如通过食用低脂肪、低热量的谷物代餐粉可达到减肥、预防肥胖等目的。通过挤压膨化技术调整青稞粉的冲调性，优化工艺配比，能得到口感风味良好的青稞全谷物早餐粉（尚珊等，2022）。

5.4.2 青稞全谷制品存在的食用品质问题及品质改良

青稞由于面筋蛋白含量低、支链淀粉含量高，麦胶蛋白和麦谷蛋白比例不协调，使得青稞全谷物面团延展性和弹韧性极差，并且由于青稞含有大量的膳食纤维，会影响面团的发酵能力，使产品最终体积小，口感坚硬。青稞的脂肪酶和过氧化物酶活力高，会导致其在加工过程中容易发生脂肪的水解和氧化，使其加工制品在贮藏过程中品质下降，产品保质期较短。青稞在收获、仓储环节均有可能发生霉变和真菌毒素污染（连倩等，2021），这些都会影响青稞制品的品质及人体健康。

将青稞粉与小麦标准粉混合使用，同时也可以添加谷朊粉、预糊化淀粉等添加剂，不仅能改善青稞面制品的品质特性，也能提高青稞产品附加值，同时也有利于适应多元化的市场要求。另外，对青稞进行脱皮处理，少量的脱皮不仅最大可能地保留了青稞的营养价值，还减少了青稞中纤维的含量，使青稞具有良好的口感。在青稞贮运加工环节，要保持仓库清洁干燥、农产品加工机械设备和包装材料清洁，做好消毒杀菌及毒素的脱毒工作，保证青稞制品的安全性（曹慧英等，2012；张玉龙，2016）。

5.5 青稞加工副产物的综合利用

农产品加工副产物通常都含有丰富的营养物质，有很高的利用价值。青稞加工中常见的副产物有青稞秸秆、青稞酒糟、青稞麸皮等。青稞秸秆中含有较多的蛋白质、纤维素、矿物质；青稞酒糟含有较高的蛋白质、膳食纤维、β-葡聚糖；青稞麸皮含有丰富的膳食纤维与非淀粉多糖，都有较高的循环利用价值。青稞加工副产物含有丰富的天然植物化学物质，青稞全谷物中酚类物质的平均含量为333.9~460.8 mg（Zhang et al.，2021），其在青稞副产物中的含量也很高。这些植物化学物质的加入和协同作用赋予了青稞副产物潜在的功能特性，如抗高血糖、抗高脂血症和抗癌活性等（朱勇，2017；Adlercreutz，2007）。高原藏区畜牧业是主要产业之一，青稞加工副产物通常被用来生产动物饲料，也会在土地耕种中用作土壤肥料。近几年，随着工业的发展进步，青稞加工副产物的综合利用逐渐被重视起来，很多副产物被用在功能活性物质的提取研究上。在进一步的发展中，有望更为充分地工业化加工利用青稞副产物。

5.6 青稞 β-葡聚糖产业化现状

β-葡聚糖具有较高的营养价值与独特的生理功效，在食品与生物医药研究中，具有重要的研发价值，一定量 β-葡聚糖的摄入能够发挥降血糖、降血脂、降低胆固醇、清肠胃、抗氧化、抗炎抑菌等生理作用。

青稞富含 β-葡聚糖、膳食纤维、微量元素等成分，是世界上麦类作物中 β-葡聚糖含量最高的农作物，是小麦中 β-葡聚糖平均含量的 50 倍（郭效瑛等，2018）。大量研究表明，每天定期摄入大麦类食物有利于预防各种慢性疾病的患病率，全球消费者对大麦类功能性食品的需求日益增加。青稞作为大麦属的一种植物，具有多种生理功效。目前国内青稞消费用途多样，但多以食用为主，如糌粑、青稞酒等，对青稞 β-葡聚糖的产业化研究多侧重于 β-葡聚糖的提取富集及功能性产品的研究（Abdel-aal et al.，2012）。近年来，市场上也有部分青稞 β-葡聚糖的产品出现，因其多样且绿色健康的生理保健功效，已逐渐被消费者所青睐，在未来发展中具有良好的势头。

国外对于 β-葡聚糖的产业化研究多侧重于大麦 β-葡聚糖的功能性质研究，然而大约 98%的大麦用于动物饲料和葡萄酒的生产，只有 2%用于全球大麦食品的开发（Xiang et al.，2020）。对于 β-葡聚糖的产业化应用，常见的是对其进行预处理后添加到面条（意大利面）、面包、饼干和休闲食品中作为食品成分，也有一些 β-葡聚糖被加工成主打增强免疫力、改善肠胃、抵抗疲劳等功能性质的保健产品。

因此，深入研究青稞 β-葡聚糖理化性质及分离提取的产业化应用，可以为其作为食品添加剂、医药辅料奠定重要基础，同时为相关产品的开发加工与综合利用提供理论依据，对促进青稞β-葡聚糖产业化的深入发展具有重要意义。

参考文献

曹慧英，伍松陵，沈晗，等，2012. 粮食中真菌毒素的控制策略［J］. 粮油食品科技，20（6）：45-48.

邓鹏，张婷婷，王勇，等，2020. 青稞的营养功能及加工应用的研究进展［J］. 中国食物与营养，26（2）：46-51.

杜亚军，郭志利，周柏玲，等，2018. 杂粮米加工研究进展［J］. 粮食与油脂，31（12）：1-3.

范志红，2017. 全谷杂粮你吃对了吗?［J］. 饮食科学（19）：8-9.

方圆，任欣，彭洁，等，2021. 青稞及其制品的体内外淀粉消化特性研究［J］. 食品科学技术学报，39（1）：144-152.

甘济升，贾素贤，叶坚，2016. 青稞加工工艺研究［J］. 现代食品（12）：124-126.

郭效瑛，赵曼，2018. 青稞保健功能产品开发研究国内现状［J］. 农产品加工（20）：57-61.

郭祯祥，温纪平，朱永义，2001. 大麦制粉技术的研究［J］. 郑州工程学院学报（4）：8-11.

郝静，张国权，杨艳红，等，2018. 发芽青稞营养加工特性及青稞发芽食品的研究［J］. 粮食与食品工业，25（6）：13-15.

胡玉华，郭祯祥，王华东，等，2014. 挤压膨化技术在谷物加工中的应用［J］. 粮食与饲料工业（12）：37-39.

贾湃湃，李佳媚，李继荣，等，2021. 不同地区青稞的农药残留分析及慢性膳食暴露评估［J］. 现代食品科技，37（9）：305-312.
金玮鋆，张晓蒙，郝建秦，等，2018. 不同产区青稞原料成分差异性与酿造适用性的分析［J］. 食品与发酵工业，44（1）：121-125.
阚建全，洪晴悦，2020. 青稞生物活性成分及其生理功能研究进展［J］. 食品科学技术学报，38（6）：11-20.
连倩，崔明明，李继荣，等，2021. 青稞原粮真菌毒素产生影响因素分析［J］. 食品安全质量检测学报，12（15）：5967-5973.
刘霭莎，白永亮，李敏，等，2019. 青稞粉挤压膨化工艺优化、品质研究及产品开发［J］. 食品研究与开发，40（15）：118-123.
刘胜强，渠琛玲，王若兰，等，2016. 谷物稳定化技术及稳定化对谷物品质的影响研究进展［J］. 粮食与油脂，29（8）：1-4.
刘小娇，白婷，王姗姗，等，2021. 不同处理对青稞脂肪氧化酶活性及品质的影响［J］. 食品研究与开发，42（7）：39-44.
刘延岭，邓林，陶瑞霄，2021. 辅助降血脂青稞酵素含片的制备及其降血脂效果评价［J］. 保鲜与加工，21（5）：122-126.
卢志超，杨士花，吴越中，等，2018. 普洱茶风味的青稞茶配方研制［J］. 中国食物与营养，24（3）：21-25.
青海大宋丰通粮食有限公司，2020a. 青海大宋丰通粮食有限公司企业标准 青稞粉 Q/DSFT 0002S－2020［S/OL］. http：//wsjkw. qinghai. gov. cn/ztbd/spaqbz/qy-bzgs/2020/06/24/1592989510123. html.

青海大宋丰通粮食有限公司，2020b. 青海大宋丰通粮食有限公司企业标准　青稞挂面 Q/DSFT 0003S－2020［S/OL］. http：//wsjkw. qinghai. gov. cn/ztbd/spaqbz/qy-bzgs/2020/06/24/1592989510123. html.
任嘉嘉，孟少华，曹永政，等，2014. 大麦品种籽粒、制粉和黏度特性研究［J］. 粮油加工(6)：50-53，56.
任娟，潘聪，杨冬雪，等，2015. 谷物中抗营养因子及其降解机理［J］. 食品安全导刊（12）：91-92.
尚珊，臧梁，傅宝尚，等，2022. 全谷物原料的营养特性及食品开发研究进展［J］. 食品工业科技，43（8）：443-452.
司俊玲，刘彬，郑坚强，等，2020. 荞麦、青稞全谷物麦片加工技术及消化特性［J］. 食品工业，41（7）：56-60.
四郎拉姆，2020. 高原无公害青稞高产栽培技术［J］. 农业开发与装备（4）：211.
王东，2014. 青稞米的加工工艺及麸皮中营养成分的研究［D］. 郑州：河南工业大学.
谢文军，2009. 糙米加工工艺及关键控制点的确定与控制［J］. 吉林工商学院学报，25（5）：83-85，90.
杨延玲，杨刚，2021. 米曲霉固态发酵青稞酒糟的研究［J］. 中国牛业科学，47（6）：51-55.
张文会，2014. 西藏青稞加工产业研究［D］. 北京：中国农业科学院.
张龑，龚号迪，陈志成，2021. 脱皮率对青稞粉的品质及面团特性的影响［J］. 食品与发酵工业，47（5）：133-137.
张玉龙，2016. 土壤重金属污染对青稞和油菜等农作物的影响及应对措施［J］. 农业科技与信息（2）：99-100.
朱勇，2017. 青稞酚类化合物组成与抗氧化、抗肿瘤细胞增殖活性研究［D］. 广州：华南理工大学.
卓玛次力，2018. 青稞发芽糙米的生产工艺及其抗氧化活性的研究［J］. 食品与发酵科技，54（1）：90-95.
ABDEL-AAL E M, CHOO T M, DHILLON S, et al., 2012. Free and bound phenolic acids and total phenolics in black, blue, and yellow barley and their contribution to free radical scavenging capacity [J]. Cereal Chemistry, 89 (4): 198-204.
ADEBOWALE O J, TAYLOR J R, DE KOCK H L, 2020. Stabilization of wholegrain sorghum flour and consequent potential improvement of food product sensory quality by microwave treatment of the kernels [J]. LWT, 132: 109827.
ADLERCREUTZ H, 2007. Lignans and human health [J]. Critical Reviews in Clinical Laboratory Sciences, 44 (5-6): 483-525.
BAIK B K, 2014. Processing of barley grain for food and feed [M] //Barley. washington, DC: AACC International Press, 233-268.
BHATTY R S, 1996. Production of food malt from hull-less barley [J]. Cereal Chemistry, 73 (1): 75-80.
BUN M, HUI L, LASHARI M S, et al., 2015. Nutritional characteristics and starch properties of Tibetan barley [J]. International Journal of Agricultural Policy and Research, 3: 293-299.
CHANG Y, LI X P, LIU L, et al., 2015. Effect of processing in superheated steam on surface microbes and enzyme activity of naked oats [J]. Journal of Food Processing and Preservation, 39 (6): 2753-2761.

EWARDS C A, XIE C, GARCIA A L, 2015. Dietary fibre and health in children and a dolescents [J]. Proceedings of the Nutrition Society, 74 (3): 292-302.

GOUS P W, FOX G P, 2017. Fox. Review: Amylopectin synthesis and hydrolysis-Understanding isoamylase and limit dextrinase and their impact on starch structure on barley (*Hordeum vulgare*) quality [J]. Trends in Food Science & Technology, 62: 23-32.

HATCHER D W, LAGASSE S, DEXTER J E, et al., 2005. Quality characteristics of yellow alkaline noodles enriched with hull-less barley flour [J]. Cereal Chemistry, 82 (1): 60-69.

HONCŮ I, SLUKOVÁ M, VACULOVÁ K, et al., 2016. The effects of extrusion on the content and properties of dietary fibre components in various barley cultivars [J]. Journal of Cereal Science, 68:132-139.

IDEHEN E, TANG Y, SANG S, 2017. Bioactive phytochemicals in barley [J]. Journal of Food and Drug Analysis, 25 (1): 148-161.

IRAKLI M, LAZARIDOU A, MYLONAS I, et al., 2020. Bioactive components and antioxidant activity distribution in pearling fractions of different greek barley cultivars [J]. Foods, 9 (6): 783.

KUZNESOF S, BROWNLEE I A, MOORE C, et al., 2012. Whole heart study participant acceptance of wholegrain foods [J]. Appetite, 59 (1): 187-193.

LAHOUAR L, GHRAIRI F, EL AREM A, et al., 2017. Biochemical composition and nutritional evaluation of barley rihane (*Hordeum vulgare* L.) [J]. African Journal of Traditional, Complementary and Alternative Medicines: AJTCAM, 14 (1): 310-317.

LEENHARDT F, LYAN B, ROCK E, et al., 2006. Wheat lipoxygenase activity induces greater loss of carotenoids than vitamin E during breadmaking [J]. Journal of Agricultural and Food Chemistry, 54 (5): 1710-1715.

LEHTINEN P, KIILIÄINEN K, LEHTOMÄKI I, et al., 2003. Effect of heat treatment on lipid stability in processed oats [J]. Journal of Cereal Science, 37 (2): 215-221.

LIN S Y, CHEN H H, LU S, et al., 2012. Effects of blending of wheat flour with barley flour on dough and steamed bread properties [J]. Journal of Texture Studies, 43 (6): 438-444.

MA Y, WANG P, WANG M, et al., 2019. GABA mediates phenolic compounds accumulation and the antioxidant system enhancement in germinated hulless barley under NaCl stress [J]. Food Chemistry, 270: 593-601.

PEREIRA M A, O'REILLY E, AUGUSTSSON K, et al., 2004. Dietary fiber and risk of coronary heart disease: a pooled analysis of cohort studies [J]. Archives of Internal Medicine, 164 (4): 370-376.

RHEE Y, 2016. Flaxseed secoisolariciresinol diglucoside and enterolactone down-regulated epigenetic modification associated gene expression in murine adipocytes [J]. Journal of Functional Foods, 23: 523-531.

THREAPLETON D E, GREENWOOD D C, EVANS C E L, et al., 2013. Dietary fibre intake and risk of cardiovascular disease: systematic review and meta - analysis [J]. BMJ, 347: 6879.

TUERSUNTUOHETI T, WANG Z, ZHENG Y, et al., 2019. Study on the shelf life and quality characteristics of highland barley fresh noodles as affected by microwave treatment and food preservatives [J]. Food Science & Nutrition, 7 (9): 2958-2967.

XIANG X, TAN C, SUN X J, et al., 2020. Effects of fermentation on structural characteristics and in vitro physiological activities of barley β - glucan [J]. Carbohydrate Polymers, 231: 115685.

ZHANG D, ZHU P, HAN L, et al., 2021. Highland barley and its by-products enriched with phenolic compounds for inhibition of pyrraline formation by scavenging α - dicarbonyl compounds [J]. Foods, 10 (5): 1109.

ZHANG K Z, YANG J G, QIAO Z W, et al., 2019. Assessment of β - glucans, phenols, flavor and volatile profiles of hulless barley wine originating from highland areas of China [J]. Food Chemistry, 293: 32-40.

ZHENG G H, FASINA O, SOSULSKI F W, et al., 1998. Nitrogen solubility of cereals and legumes subjected to micronisation [J]. Journal of Agricultural and Food Chemistry, 46 (10): 4150-4157.

第六章　青稞质量安全评价

6.1　青稞食品的质量安全范畴

食品质量安全是指食品质量状况对食用者健康、安全的保证程度（徐文隽，2022）。包括3方面内容：①食品的污染导致的质量安全问题，如生物性污染、化学性污染、物理性污染等；②食品工业技术发展所带来的质量安全问题，如食品添加剂、食品生产配剂、介质以及辐射食品、转基因食品等；③滥用食品标识，如伪造食品标识、缺少警示说明、虚假标注食品功能或成分、缺少中文食品标识（进口食品）等。《中华人民共和国食品安全法》第十章附则第一百五十条规定，食品安全，指食品无毒、无害，符合应当有的营养要求，对人体健康不造成任何急性、亚急性或者慢性危害。青稞的质量安全是其加工销售或是直接食用的首要前提。

6.1.1　国内关于青稞食品质量安全的规定

随着我国青稞产业的发展向好，顺应国家“十四五”产业高质量发展的要求，最新修订的《青稞》（GB/T 11760—2021）国家标准于2021年10月1日正式实施，该标准在原有国家标准《裸大麦》（GB/T 11760—2008）基础上修改制定，新出台的《青稞》国家标准指标体系包括容重、杂质、不完善粒、水分、皮大麦含量等，其中容重为定等指标，该指标维持了原《裸大麦》国家标准水平，这与当前青稞生产质量相适应。青稞食品作为我国地方特色制品，有相关的地方标准作为指导其生产经营的依据，如《食品安全地方标准　青稞酒》（DBS63/0002—2021）、《食品安全地方标准　青稞酩馏酒》（DBS63/0003—2021）、《食品安全地方标准　青稞米》（DBS63/0006—2021），还有部分青稞加工企业为特定的青稞食品制定相应的企业标准。青稞食品的质量安全因各类食品的具体要求而异，其中作为统一要求的一般为卫生健康指标、食用品质指标、储存要求等。

以下是一些关于青稞制品的地方或企业标准，如青海大宋丰通粮食有限公司针对青稞粉起草的企业标准《青海大宋丰通粮食有限公司企业标准　青稞粉》（Q/DSFT 0002S—2020），详见表6-1和表6-2；西藏地区实施的团体标准《西藏青稞米》（T/TBIA 0002—2019），详见表6-3和表6-4；另外还有青海省建立的青稞米地方标准《食品安全地方标准　青稞米》（DBS63/0006—2021），详见表6-5和表6-6。

表6-1　青海大宋丰通粮食有限公司青稞粉感官要求

项目	要求
形状	粉状
色泽	具有产品应有的色泽
气味、口味	具有产品应有的滋味和气味，无异味
杂质	无肉眼可见外来杂质

表 6-2　青海大宋丰通粮食有限公司青稞粉理化指标

项目		单位	指标
水分		%	≤14.0
灰分（以干物质计）	一级	%	≤2.0
	二级	%	≤5.0
粗细度		%	全通 CB30，留存 CB36≤10%
含砂量		%	≤0.02
磁性金属物		g/kg	≤0.003
脂肪酸值（干基，以 KOH 计）		mg/100 g	≤120
铅（以 Pb 计）		mg/kg	≤0.2
镉（以 Cd 计）		mg/kg	≤0.1
总砷（以 As 计）		mg/kg	≤0.5
铬（以 Cr 计）		mg/kg	≤1.0
总汞（以 Hg 计）		mg/kg	≤0.02
脱氧雪腐镰刀菌烯醇		μg/kg	≤1 000
黄曲霉毒素 B_1		μg/kg	≤5.0

表 6-3　西藏青稞米感官指标

项目	要求
外观	米粒状，腹沟处带有少量糠皮和粉状物
色泽	自然均一
滋味和气味	带有青稞特有的麦香气味、无异味

表 6-4　西藏青稞米理化指标

项目	单位	指标
碎米	%	≤10.0
杂质	g/100 g	≤1.0

（续表）

项目	单位	指标
水分	g/100 g	≤13.0
总砷（以 As 计）	mg/kg	<0.5
铅（以 Pb 计）	mg/kg	≤0.2
镉（以 Cd 计）	mg/kg	≤0.1
总汞（以 Hg 计）	mg/kg	≤0.02
铬（以 Cr 计）	mg/kg	≤1.0
苯并（α）芘	μg/kg	≤5.0
黄曲霉毒素 B_1	μg/kg	≤5.0
六六六	mg/kg	≤0.05
滴滴涕	mg/kg	≤0.05
甲基毒死蜱	mg/kg	≤5.0
溴氰菊酯	mg/kg	≤0.5
福美双	mg/kg	≤0.3
氯氰菊酯	mg/kg	≤0.2
啶虫脒	mg/kg	≤0.5
萎锈灵	mg/kg	≤0.2
噻虫啉	mg/kg	≤0.1

表 6-5　青海青稞米感官要求

项目	要求	检验方法
色泽、外观	具有青稞米固有的色泽、气味，无异味	GB/T 5492
杂质（%）	≤0.3	GB/T 5494
不完善粒（%）	≤6.0	GB/T 5494

表 6-6　青海青稞米理化指标

项目	指标	检验方法
水分（%）	≤13.0	GB 5009.3
蛋白质（g/100 g）	≥6.0	GB 5009.5
铅（以 Pb 计）（mg/kg）	≤0.2	GB 5009.12
镉（以 Cd 计）（mg/kg）	≤0.1	GB 5009.15
玉米赤霉烯酮（μg/kg）	≤60	GB 5009.209
脱氧雪腐镰刀菌烯醇（μg/kg）	≤1 000	GB 5009.111

6.1.2　食用变质青稞制品的风险与危害

青稞的腐败变质其实是食品中碳水化合物、蛋白质和脂肪等成分在微生物、酶和其他环境因素作用下分解、破坏、失去或降低食用价值的过程（陈锋，2010）。食用变质的青稞对人体存在以下的危害。

（1）产生厌恶感

由于微生物的作用，青稞所含脂肪腐败的哈败味和碳水化合物分解后产生的特殊气味，往往使人们难以接受。

（2）引起急性毒性

一般情况下，腐败变质食品常引起急性中毒，轻者多以急性胃肠炎症状出现，如呕吐、恶心、腹痛、腹泻、发热等，经过治疗可以恢复健康；重者可在呼吸、循环、神经等系统出现症状。

（3）慢性毒性或潜在危害

如果青稞变质程度较低，有害物质含量较少，或者由于本身毒性作用的特点，并不引起急性中毒，但长期食用往往会造成慢性中毒，甚至可以表现为致癌、致畸、致突变作用。

变质食品的概念不同于未经加工食品，未经加工食品的食用安全性多是体现在微生物与肉眼可见杂质上，这些风险大多可以通过清洗去皮及加热处理。但是变质后的食品往往不只是微生物指标上严重超标，有些微生物的代谢产物，如真菌毒素等会积聚残留在青稞中，这些毒素并不能通过简单的加热达到良好的去除效果（Femenias et al.，2022）；另外因环境因素或微生物作用导致青稞主要成分产生的分解，所产生的酸类、醇类和气体性物质极大影响营养及风味，甚至对人体健康产生危害，这些物质同样不能够通过加热方式去除。因此若发现青稞及青稞制品出现霉斑、哈败味、腐臭味、酸味等感官变化时，应即时丢弃，不要再食用。

6.2 影响青稞质量安全的因素

青稞作为一种自然界的谷类作物，其本身对人体来说是具备食用安全性的。其质量风险主要是指其在种植、收获、运输、贮藏、加工等过程中受到的虫害、微生物、重金属为主的侵害（孙丽娟等，2017），从而导致食用风险。

6.2.1 重金属

重金属是指原子密度大于 5 g/cm^3 的一类金属元素，大约有 40 种，主要包括镉、铬、汞、铅、铜、锌、银、锡等。从毒性角度一般把砷、硒和铝等也包括在内。

种植的土壤和环境是青稞原料中重金属的主要来源。产地环境污染是最主要的人为因素（Cui et al.，2022）。农业投入品质量不过关或不合理使用会加剧环境重金属的污染，如经常施用福美胂等含砷农药会明显增加土壤中砷的残留量，施用波尔多液和丙森锌则会造成土壤铜和锌的累积。另外，在加工过程中加入磁选器设备步序，主要用于清除青稞中的金属类杂质（张延国，2018），防止后续制粉过程中磨辊的损坏。

6.2.2　微生物

青藏高原地区的工业化程度不高，在收获过程中，青稞中可能混入杂质，包括谷物颗粒、杂草和其他外来物（石头、谷壳和尘土）等，会对青稞的后续加工和产品质量产生不利影响。青稞微生物含量和卫生指标达到标准要求是非常必要的。可以对青稞增加必要的减菌处理，常见的谷物减菌处理有：过热蒸汽处理（针对籽粒）（贾泽宇等，2022）、臭氧处理（可针对籽粒或者润麦过程）（Baskakov et al.，2022）、微波处理（Hashemi et al.，2019）、干热处理（Flax et al.，2022）等。经过减菌处理的青稞因为原始带菌数大大降低而会有更好的贮藏性，也可避免一些真菌分泌出来的毒素污染籽粒从而造成食用危害。

6.3　加工过程中青稞质量安全影响因素

青稞的深加工过程也是影响青稞及其加工制品安全性的影响因素，其表现在人员操作失误造成的食品安全隐患、生产设备管理不佳造成的食品安全隐患、生产原料质量问题、质量安全卫生管理不到位造成的质量问题等。针对以上问题的管理方法如下。

（1）员工岗前、在岗培训管理

通过强化员工的岗前、在岗培训，提升员工的工作技能和基本素质，让员工真正了解生产过程质量安全管理，保证产品质量安全水平。

（2）生产设备及设施管理

生产环节过程中的设备、设施及管道在制作材料、安装、使用、维护保养等各方面都应进行严格的控制管理。

（3）生产用原辅料管理

生产用水，必须符合国家《生活饮用水卫生标准》（GB

5749—2022）。生产工艺用水必须在生活饮用水的基础上实施进一步的加工处理。对采购的其他原辅料，应索取原辅料供应商有关资质证明，食品添加剂应实行专库、专人管理。

（4）质量安全卫生管理

必须建立健全的质量安全卫生管理和查验制度，并完善企业检验室的各项功能，确保能够满足微生物指标、理化指标和感官指标等的检验，确保产品大肠菌群、菌落总数等卫生指标，以及感官等项目均能达到规定标准。

6.3.1 青稞粉加工过程安全关键控制点

首先，要从源头把控，严格清理青稞原料。青稞籽粒及外层麸皮可能存在农药残留、重金属残留、毒素污染等卫生指标问题，因此需要对原料进行严格的清理工作。

其次，适度控制麸皮的粒径。麸皮粒径会显著影响青稞全粉的品质特性。颗粒过大（平均粒径大于 500 μm）会导致较高的吸水性，青稞全粉易吸湿生热；颗粒过小的麸皮易与青稞粉混合充分，面团形成过程中与面筋相互作用削弱面筋力。因此，需控制麸皮的粒径在适度范围内。

最后，是开展稳定化处理。稳定化处理是青稞粉加工的关键工艺，未稳定化处理的青稞粉易酸败变质、生霉长虫，贮藏期通常只有 2~3 个月。稳定化处理能有效钝化麸皮中活性酶活力，杀灭害虫及微生物，延长贮存期。常见的稳定化技术有干热处理、蒸汽加热、微波处理和挤压膨化处理等。

6.3.2 青稞米加工过程安全关键控制点

青稞米加工过程安全关键控制点如下。

（1）原粮选择

去除虫蛀粒、霉变粒、异色粒、未成熟粒、无胚粒、不完整粒及杂质等。

（2）清理

原料经过旋震筛、初清筛、震动清理筛，清理其中的大、轻型杂质，杂质含量≤5%。筛选后的原料放入粮仓贮藏。采用震动清理筛、回转清理筛、去石机及多抛道抛车清除野生植物籽、石子等杂质。青稞原粮应达到杂质含量≤1%。

（3）磁选

在青稞米加工过程中贯穿于始终，经3次及以上磁选可以完全清除青稞米中的铁物质。

6.3.3　发芽过程中青稞安全关键控制点

发芽青稞的关键工艺操作要点如下。

（1）人工精筛

原料经过精筛，去除虫蛀粒、霉变粒及石头等有食用危害性的杂质。

（2）清洗与消毒

挑选出来的青稞糙米用自来水冲洗至少3次，去除米粒表面的糠粉和灰尘等杂质。沥干，然后用1%次氯酸钠溶液浸泡消毒5 min，随后，用蒸馏水冲洗青稞4～5遍，直到闻不到氯气的刺鼻味道。

（3）浸泡发芽

将青稞米浸泡一定时间后取出来平铺在消毒过后的搪瓷盘中，将纱布灭菌，然后盖3层，使青稞米在湿度为95%的恒温恒湿培养箱中发芽，期间控制好发芽时间和发芽温度。

（4）干燥处理

青稞米发芽后要对其进行干燥处理，除去表面水分并降低至一定的水分活度后用密封袋封装，使其防止微生物的侵害。

6.3.4 青稞制品加工常用添加剂

食品添加剂是为改善食品色、香、味等品质，以及为防腐和加工工艺的需要而加入食品中的人工合成或者天然物质（王静等，2013）。中国食品添加剂共分为 23 大类共计 2 325种，其中香料和等同香料 1 870种，不限制用量的助剂 38 种，限定使用条件的助剂酶制剂及其他共计 417 种。美国已有 25 000种以上的不同添加剂应用于 20 000种以上的食品之中。日本使用的食品添加剂约 1 100种。欧洲联盟使用 1 000~1 500种食品添加剂。

相比较普通的谷物食品，青稞制品含有较多的膳食纤维，面筋蛋白含量较少，单独由青稞制备所得面团的延展性和弹性极差，导致青稞的加工成型性能差（王洪伟等，2016），所得产品口感粗糙，使青稞不能像小麦那样按照配方和程序加工成面条等食品。因此，青稞制品加工时适当使用食品添加剂，能增强食品的营养，改善或丰富食物的色、香、味，一定程度上能防止食品腐败变质，延长食品货架期。对于消费者来说，没有必要谈添加剂色变，只要加工的产品中所使用添加剂的种类和添加量符合国家标准和规定，对于人体健康不会产生有害作用。

青稞制品加工时常用的添加剂种类较多。如青稞馒头、面条等面制品或者饼干、面包等烘焙食品中，为了改善食品的质地，增加筋力，常用的添加剂有魔芋粉、黄原胶、变性淀粉等，或小苏打等膨松剂类。青稞饮料中为了改善食品的稳定性会添加稳定剂。香精类添加剂能减弱青稞制品的不良风味，甜味剂能弥补青稞食品风味寡淡的缺陷，同时防止糖分的摄入。食品工业用加工助剂也是青稞食品加工常用的一类食品添加剂。

6.4 贮藏过程中青稞质量安全影响因素

以青稞为代表的谷类作物是人类依赖生存的重要食物，提高贮藏过程中青稞质量安全对提高地区乃至国家的粮食安全有着非常重要的意义。正确的处理手段有处于延长以青稞为代表的谷类作物的贮藏期，保持保质期内的青稞食用品质。在贮藏技术方面尽量避免化学药剂的使用，减少化学药剂对青稞的污染，保护消费者的健康。

6.4.1 青稞贮藏过程中质量安全问题及预防方式

青稞贮藏过程中发生的质量安全问题主要包括以下几种。

（1）氧化酸败

青稞中含有脂类物质，含量为1.18%～3.09%，在贮藏过程中脂质容易发生水解和氧化反应引起酸败（曹文明等，2013），造成青稞酸度增加、黏度下降、出现哈败味等现象。

（2）生虫和霉变

青稞贮藏期间易受真菌侵染，常见的有细小青霉、黄绿青霉、皱褶青霉、缓生青霉等，导致青稞发生霉变甚至产生真菌毒素，如黄曲霉毒素。一定温度下，青稞可能遭受害虫的侵害。贮藏温度越高，害虫的繁殖速度以及对青稞的危害也就越严重，常见害虫有米象和玉米象等。

（3）发芽

青稞本身保持有生命力，自身有强烈的呼吸及其他生理作用，条件适宜时青稞容易发生发芽现象，营养成分和颗粒的质地也随之发生变化，同时也容易被真菌和害虫侵染，发生霉变生虫现象。

为预防上述安全问题，青稞收获后必须及时冷却干燥，防止混杂，过筛去杂，降低含水量。晒干的青稞含水极低，青稞呼吸作用十分微弱（种子呼吸中，需要水分参与氧化反应）。反之青稞的含水量高，呼吸作用会增强。如果是购买的青稞，应存放在阴凉、干燥的地方，温度在 15℃ 以下，空气湿度应保持在 65% 以下。青稞容易受潮和发霉，因此必须将其封口严密保存。贮藏青稞要保持低温干燥的环境。

6.4.2 青稞制品贮藏过程中质量安全问题及预防方式

青稞制品贮藏过程中质量安全问题与青稞原料贮藏过程中面临的质量安全问题有类似之处，因为其主要成分差异不大因此同样有酸败变质及感染虫霉的风险。

不同的青稞制品会有相应的质量安全问题，以下列举了部分青稞制品的质量安全问题及预防方式。

（1）青稞粉

青稞粉颗粒和空隙微小，气体与热传递受到很大阻碍，造成导热性差，湿热不易散失。同时，颗粒之间摩擦力较大，长期受压时极易结块，丧失散落性。因此，青稞粉容易吸湿结块，湿度高又容易导致酸败和发热霉变等不良现象。青稞粉贮藏要保持低温干燥的环境。

（2）青稞酒

研究表明一些度数比较高的酒水在贮藏的时候相对稳定，而低度酒在贮藏过程中香味成分变化较大，贮藏时间要掌握好“度”，过度老熟不仅不能提高质量，反而会降低质量（高文俊，2014）。贮藏青稞酒最好用坛子，放入比较深的地窖中贮藏，因为那里恒温、恒湿，并且无光照，最适合白酒的老熟。

参考文献

曹文明，薛斌，袁超，等，2013. 油脂氧化酸败研究进展［J］. 粮食与油脂，26（3）：1-5.

陈锋，2010. 食品腐败变质的常见类型、危害及其控制［J］. 法制与社会（13）：182-183.

高文俊，2014. 青稞酒重要风味成分及其酒醅中香气物质研究［D］. 无锡：江南大学.

贾泽宇，刘远晓，卞科，等，2022. 过热蒸汽对谷物淀粉结构及理化特性影响的研究进展［J］. 食品与发酵工业，48（12）：288-293.

孙丽娟，徐春春，胡学旭，等，2017. 我国谷物质量安全隐患浅析［J］. 中国农业科技导报，19（9）：8-14.

王洪伟，武菁菁，阚建全，2016. 青稞和小麦醇溶蛋白和谷蛋白结构性质的比较研究［J］. 食品科学，37（3）：43-48.

王静，孙宝国，2013. 食品添加剂与食品安全［J］. 科学通报，58（26）：2619-2625.

徐文隽，2022. 食品质量安全管理的问题与对策［J］. 中国食品工业（17）：72-74.

杨洁琼，2017. 饮食人类学中的糌粑及其社会文化意义［J］. 美食研究，34（2）：18-21.

张延国，2018. 振动式谷物清选机设计与研究［J］. 农家参谋（1）：295.

BASKAKOV I V，OROBINSKY V I，GIEVSKY A M，et al.，2022. Modes of treating pre-sowing grain seeds with ozone［J］. IOP Conference Series：Earth and Environmental Science, 954 (1): 012009.

CUI Y, BAI L, LI C, et al., 2022. Assessment of heavy metal contamination levels and health risks in environmental media in the northeast region [J]. Sustainable Cities and Society, 80: 103796.

FEMENIAS A, GATIUS F, RAMOS A J, et al., 2022. Hyperspectral imaging for the classification of individual cereal kernels according to fungal and mycotoxins contamination: a review [J]. Food Research International, 155: 111102.

FLAX B, TORTORA A, YEUNG Y, et al., 2022. Dry heat sterilization modelling for spacecraft applications [J]. Journal of Applied Microbiology, 133 (5): 2893-2901.

HASHEMI S M B, GHOLAMHOSSEINPOUR A, NIAKOUSARI M, 2019. Application of microwave and ohmic heating for pasteurization of cantaloupe juice: microbial inactivation and chemical properties [J]. Journal of the Science of Food and Agriculture, 99 (9): 4276-4286.